Wolfgang Werft

Drehleitereinsatz

Grundlagen und Vorgehensweise

Wolfgang Werft

Drehleitereinsatz

Grundlagen und Vorgehensweise

Bibliografische Informationen der Deutschen Nationalbibliothek
Die Deutsche Nationalbibliothek verzeichnet diese Publikation in der Deutschen Nationalbibliografie; detaillierte bibliografische Daten sind im Internet über <http://www.dnb.de> abrufbar.

Bei der Herstellung des Werkes haben wir uns zukunftsbewusst für umweltverträgliche und wiederverwertbare Materialien entschieden.

ISBN 978-3-609-77496-1

E-Mail: kundenservice@ecomed-storck.de
Telefon: 089/2183-7922
Telefax: 089/2183-7620

www.ecomed-storck.de

Satz: Fotosatz Buck, Kumhausen
Druck: Kessler Druck + Medien GmbH & Co. KG, 86399 Bobingen

Inhaltsverzeichnis

Vorwort

Drehleitern sind heute als Hubrettungsfahrzeuge für den Einsatzalltag der Feuerwehren (z.B. Berufsfeuerwehren bzw. freiwillige Feuerwehren mit Stützpunktfunktion) unentbehrlich geworden. Diese Fahrzeuge kommen in Deutschland überwiegend in vollautomatischer Ausführung und mit Rettungskorb an der Leiterspitze zur Anwendung. Zunehmende Verbreitung finden seit einigen Jahren Drehleitern mit Gelenkarm (Gelenkarm mit Teleskopfunktion und ohne Teleskopfunktion), welche in gewissen Bereichen einsatztaktische Vorteile haben.[1]

Der Haupteinsatzzweck von Hubrettungsfahrzeugen, also auch von Drehleitern, ist die Sicherstellung des zweiten Rettungsweges aus Gebäuden. Dieser Einsatzzweck ist in der Musterbauordnung der Bauministerkonferenz[2] im dritten Teil „Bauliche Anlagen" festgelegt. Dort wird im fünften Abschnitt „Rettungswege, Öffnungen, Umwehrungen" Bezug auf den ersten und zweiten Rettungsweg genommen. Nach Paragraph 33 muss jeder Aufenthaltsraum einer Nutzungseinheit zwei voneinander unabhängige Rettungswege aufweisen. Der erste Rettungsweg führt demnach über die notwendige Treppe (bauliche Treppe zur Wohneinheit) ins Freie. Der zweite Rettungsweg kann über Rettungsgeräte der Feuerwehr (z.B. tragbare Leitern oder Hubrettungsfahrzeuge) sichergestellt werden, sofern kein zweiter baulicher Rettungsweg vorhanden ist.

Weiterhin ist in der Musterbauordnung festgelegt, dass Gebäude, deren zweiter Rettungsweg über Rettungsgeräte der Feuerwehr führt und bei denen die Oberkante der Brüstung von zum Anleitern bestimmten Fenstern oder Stellen (z.B. Balkongeländer, Fensterbrett) mehr als 8 m über der Geländeoberfläche liegt, nur dann errichtet werden dürfen, wenn die Feuerwehr über die erforderlichen (und geeigneten) Rettungsgeräte wie Hubrettungsfahrzeuge (z.B. Drehleiter) verfügt.

Bei Hochhäusern[3] müssen erster und zweiter Rettungsweg über bauliche Rettungswege sichergestellt werden. Hierfür sind mehrere unterschiedliche Lösungsmöglichkeiten anwendbar, z.B. Sicherheitstreppenraum (luftumspült oder mit Überdruck gesichert) oder zwei voneinander unabhängige Treppenräume.

Die Vorgaben der Musterbauordnung haben bundesweite Geltung, die Bauordnungen der Länder orientieren sich an der Musterbauordnung der Bauministerkonferenz.

---

[1] Derzeit sind in Deutschland Hubrettungsfahrzeuge der Hersteller Rosenbauer (ehem. „Metz-Aerials"), Magirus sowie in geringerem Umfang der Hersteller Gimaex, Camiva und Riffaud im Einsatz. In diesem Buch wird auf die Fahrzeuge der beiden deutschen Hersteller Bezug genommen.

[2] Musterbauordnung -MBO-, Fassung November 2002, zuletzt geändert durch Beschluss der Bauministerkonferenz vom 13.05.2016

[3] Gebäude mit einer Höhe von mehr als 22 m, gemessen zwischen Fußbodenoberkante des höchstgelegenen Geschosses, in dem ein Aufenthaltsraum möglich ist, und der Geländeoberfläche im Mittel

Drehleitern dienen in erster Linie zur Sicherstellung des zweiten Rettungsweges bei Unpassierbarkeit des ersten (baulichen) Rettungsweges; sie sind vorrangig Hilfsmittel für die Menschenrettung aus Gebäuden.

Tatsächlich werden Drehleitern für diesen originären Einsatzzweck, Sicherstellung des Rettungsweges zur Menschenrettung, eher selten eingesetzt. Die meisten Drehleitereinsätze finden im Bereich der technischen Hilfeleistung, gefolgt von Einsätzen im Rahmen der Brandbekämpfung statt. Daher ist eine gute Ausbildung und regelmäßiges intensives Training notwendig, um im Einsatzfall eine Menschenrettung bei einem Gebäudebrand auch unter erschwerten Bedingungen (z.B. Dunkelheit, enge Platzverhältnisse an der Einsatzstelle, schlechte Witterungsverhältnisse, etc.) sicher und erfolgreich durchführen zu können.

Diese dafür notwendige umfangreiche und fundierte Aus- u. Fortbildung betrifft zunächst einmal die Einsatzkräfte, die für den Einsatz als Drehleitermaschinisten vorgesehen sind. Sie müssen die Bedienung des Fahrzeugs – auch und insbesondere in Einsatzsituationen mit hoher Stressbelastung – sicher beherrschen und die Einsatz- u. Leistungsgrenzen des Hubrettungsfahrzeuges kennenlernen.

Aber auch die Einsatzkräfte, die als Fahrzeugführer auf der Drehleiter vorgesehen sind, sollten eine umfangreiche taktische Ausbildung erhalten, um das Hubrettungsfahrzeug im Einsatz effektiv einsetzen zu können.

Weiterhin ist die Kenntnis über die Funktionen des Notbetriebs und die Beherrschung der Anwendung im Einsatz nach Ansicht des Autors unabdingbare Voraussetzung für den Einsatz einer Einsatzkraft als Besatzungsmitglied auf diesem Fahrzeug.

Schließlich ist eine kontinuierliche und regelmäßige Fortbildung von elementarer Bedeutung für die Einsatzbereitschaft der ausgebildeten Maschinisten und Fahrzeugbesatzungen sowie für einen effizienten Einsatz dieses technisch komplexen Feuerwehrfahrzeugs.

Letztlich lässt sich nur durch eine qualitativ hochwertige Aus- u. Fortbildung im Verbund mit einer fachgerechten und regelmäßigen Wartung des Fahrzeugs die Sicherheit im Einsatz gewährleisten.

In Kapitel 4 finden sich Tipps und Hilfestellungen für die Durchführung von Rettungseinsätzen unter erschwerten Umgebungsbedingungen an der Einsatzstelle, insbesondere zu Rettungseinsätzen unter beengten Platzverhältnissen. Grundlage hierfür sind die Erfahrungen und Erkenntnisse aus einem erschwerten Rettungseinsatz im Rahmen eines ausgedehnten Wohnungsbrandes, den der Autor selbst als Fahrzeugführer einer Drehleiter erlebt hat.

Drehleitern weisen auch abseits der Menschenrettung aus Gebäuden und dem Einsatz zur Brandbekämpfung ein sehr breites Einsatzspektrum auf.

Dies setzt jedoch die Kenntnis über die enorme Bandbreite der Einsatzmöglichkeiten dieses Fahrzeugtyps ebenso voraus wie die Einsatzgrundsätze, die hierbei jeweils zu beachten sind. Über diese Bandbreite soll das Kapitel 3 einen Überblick geben, der jedoch keinen Anspruch auf Vollständigkeit erheben soll.

Drehleitern weisen ein breites Einsatzspektrum auf. Für einen effektiven Einsatz sowie auch die wirtschaftliche Nutzung der Hubrettungsfahrzeuge im Einsatzalltag ist die Kenntnis der Einsatzmöglichkeiten eine grundlegende Voraussetzung.

Grundsätzlich sind bei Ausbildung, Übung und Einsatz die in den Bedienungsanleitungen der Hersteller aufgeführten Vorgaben und Warnhinweise zu beachten und einzuhalten!

Der Autor bedankt sich bei folgenden Feuerwehren:

- Berufsfeuerwehr Nürnberg
- Berufsfeuerwehr Düsseldorf
- Feuerwehr Böblingen
- Feuerwehr Dietenhofen
- Feuerwehr Feuchtwangen
- Feuerwehr Kolbermoor
- Feuerwehr Küssnacht (CH)
- Feuerwehr Neuendettelsau
- Feuerwehr Schwaig
- Feuerwehr Schweinfurt
- Feuerwehr Simbach/Inn
- Feuerwehr Velden
- Feuerwehr Bad Wörishofen
- Feuerwehr Wertingen
- Feuerwehr Zorneding
- Feuerwehr Zirndorf

Der Autor:

Wolfgang Werft
(Jahrgang 1970)

Von 1987–2014 FF Zirndorf, von 1991–2009 BF Fürth, Ausbildung zum Rettungssanitäter bei JUH Nürnberg (1993/1994), seit 2009 BF Nürnberg, von 2000–2011 Ausbilder Spezielle Rettung aus Höhen und Tiefen (SRHT), seit 2000 Ausbildertätigkeit bei unterschiedlichen Laufbahnlehrgängen der Berufsfeuerwehr (Grundausbildung, Führungslehrgänge, Drehleitermaschinisten), seit 2013 Wachabteilungsführer BF Nürnberg.

1 Grundlagen der technischen Funktion und des Einsatzes von Drehleitern

1.1 Arten von genormten Drehleitern

Die in Deutschland eingesetzten Drehleitern müssen der DIN EN 14043 entsprechen; sie regelt die Anforderungen an Drehleitern mit kombinierten Bewegungen (Automatikdrehleitern), mit welchen mehrere voneinander unabhängige Bewegungen gleichzeitig durchführbar sind.

Die Unterscheidung der Drehleitern nach dieser Norm bezieht sich auf Rettungshöhe und Ausladung des Hubrettungssatzes.

Da Drehleitern mit sequentiellen Bewegungen nach DIN EN 14044 (Halbautomatik-Drehleitern) gegenwärtig in Deutschland keine Rolle spielen, werden im Folgenden nur die Drehleitern mit kombinierten Bewegungen (Automatik-Drehleitern) behandelt.

Als genormte Drehleitern mit Rettungskorb gelten die DLAK 18/12, die DLAK 23/12 sowie die DLAK 12/9. Alle Varianten sind nach Normen auch ohne Rettungskorb zulässig, in der Bezeichnung entfällt bei diesen Fahrzeugen dann das Kürzel „K“ für Korb. So lautet die Bezeichnung nach DIN EN 14043 für eine Automatikdrehleiter mit einer Rettungshöhe von 23 m bei einer Ausladung von 12 m DLA 23/12.

Die Abkürzung „**DLAK**“ bedeutet **D**reh**L**eiter mit Rettungs**K**orb, die Abkürzung „**A**“ weist auf die Ausführung als „**A**utomatik-Drehleiter“ hin, welche kombinierte Bewegungen gleichzeitig zulässt (z.B. Aufrichten/Neigen + Drehen links/rechts + Einfahren/Ausfahren Leitersatz). Die Zahlenwerte weisen auf die Nennrettungshöhe (erster Zahlenwert) und auf die hierbei erzielte Nennausladung des Hubrettungssatzes hin (zweiter Zahlenwert).

Mit einer DLAK 18/12 lässt sich eine maximale Rettungshöhe von 24 m erreichen, mit einer DLAK 23/12 eine Rettungshöhe von 30 m, jeweils gemessen an der waagerechten Standfläche und der Korbbodenoberseite. Hierbei ergibt sich bedingt durch den größeren Aufrichtwinkel des Hubrettungssatzes eine geringere Ausladung als die oben genannte Nennausladung. Die mit den einzelnen Drehleitertypen erreichbaren Rettungshöhen schlagen sich auch in der sogenannten Leiterklasse nieder. So fällt beispielsweise eine DLAK 23/12 aufgrund ihrer maximalen Rettungshöhe von 30 m in die Leiterklasse 30. Weitere Leiterklassen wären z.B. die Leiterklasse 18 (DLAK 12/9) und die Leiterklasse 24 (DLAK 18/12).

Drehleitern mit Gelenkarm

Drehleitern mit Gelenkarm bieten einsatztaktische Vorteile

Als Weiterentwicklung der oben angeführten Drehleitertypen entwickelten einige Drehleiterhersteller eine DLAK 23-12 mit Gelenkarm am oberen Leiterteil. Damit lassen sich die Vorteile der klassischen Drehleiter (z.B. schnelle Rüst- u. Rettungszeit, Möglichkeit der Menschenrettung im Brückenbetrieb) mit einigen Vorteilen der Teleskopmastfahrzeuge (z.B. Umfahren von Hindernissen mit dem Korb, tieferer Unterflurbetrieb möglich) kombinieren.

Die Gelenkarmleitern verfügen entweder über einen vierteiligen (z.B. Magirus-Drehleiter) oder über einen fünfteiligen Leitersatz (Rosenbauer-Drehleiter, Magirus-Drehleiter). Im Falle eines fünfteiligen Leitersatzes weisen die vier ersten Leiterteile eine kürzere Länge auf als die vier Leiterteile einer Standarddrehleiter, das fünfte Leiterteil ist mit dem Knickgelenk versehen.

Drehleitern mit Gelenkarm weisen gegenüber den Standard-Drehleitern ohne Gelenkteil mehrere taktische Vorteile auf, z.B.:

- Der Rettungskorb kann nach Abstützen des Fahrzeuges vor dem Fahrerhaus abgelegt werden, um Anbaugeräte am Korb zu montieren oder Personen aus dem/in den Korb steigen zu lassen ⇨ großer Vorteil insbesondere in engen Altstadtstraßen/Gassen

- Hindernisse wie z.B. Dachfirste können durch Abknicken des ersten (oberen) Leiterteils mit dem Rettungskorb umfahren werden ⇨ die Rückseiten von Satteldächern lassen sich so in begrenztem Maße erreichen
- Dachflächenfenster und Dachgauben von Satteldächern lassen sich durch Abknicken des ersten Leiterteils bei einer Menschenrettung mit dem Rettungskorb leichter erreichen
- Das Benutzungsfeld der Drehleiter lässt sich insbesondere auch im Unterflurbereich durch Abknicken des ersten Leiterteils erweitern (z.B. für Wasserrettungseinsätze an Kanälen, etc.)
- Anleiterziele in Innenstadt- bzw. Altstadtstraßen mit beengten Platzverhältnissen lassen sich durch Abknicken des ersten Leiterteils leichter erreichen (z.B. bei Anleitern von Rettungsöffnungen über das Fahrerhaus hinweg (siehe Kapitel 4).

Abb. 1: Mit einem Leitersatz mit Gelenkarm lassen sich mit dem Rettungskorb auch weit zurück versetzte Dachgauben erreichen.

Abb. 2: Bei einer Drehleiter mit einem Leitersatz mit Gelenkarm lässt sich der Rettungskorb vor dem Fahrerhaus absetzen – ein großer Vorteil in Altstadtbereichen mit engen Straßen und Gassen.

1.2 Fachbegriffe nach DIN EN 14043

Wesentliche Fachbegriffe nach DIN EN 14043

Nachfolgend werden einige wesentliche Normbegriffe nach DIN EN 14043 erläutert, die für die Einsatzpraxis, Übung und Ausbildung relevant sind[4].

Hubrettungssatz

Der Hubrettungssatz ist die Summe der beweglichen Baugruppen des Hubrettungsfahrzeuges, die auf einem Fahrgestell montiert sind. Bei Drehleitern gehören zu diesen Baugruppen das Drehgestell, die Lafette mit dem Leitersatz und bei DLAK der Rettungskorb, welcher abnehmbar sein kann. Die Abstützungen sind ebenfalls Bestandteil des Hubrettungssatzes.

Abb. 3: Aufrichtwinkel und ausgefahrene Länge des Leitersatzes.

Leitersatz

Der Leitersatz ist ein Teil der Drehleiter, bestehend aus den ausschiebbar miteinander verbundenen Leiterteilen.

Ausgefahrene Länge des Leitersatzes

Abstand, in Meter, zwischen den äußersten Punkten (Leiterbasis ↔ Leiterspitze) des ausgefahrenen Leitersatzes.

Aufrichtwinkel

Winkel, in Grad, zwischen der Längsachse des letzten, untersten, Leiterteils und der Waagerechten.

Querneigungswinkel

Winkel, in Grad, zwischen der Waagerechten und der Standfläche des Hubrettungsfahrzeuges in Querrichtung zur Fahrzeuglängsachse.

---

[4] Für weitere Informationen siehe auch DIN EN 14043, Ausgabe April 2014, Beuth-Verlag GmbH Berlin

Abb. 4: Querneigungswinkel bei einer Drehleiter.

Abb. 5: Längsneigungswinkel bei einer Drehleiter.

Längsneigungswinkel

Winkel, in Grad, zwischen der Waagerechten und der Standfläche des Hubrettungsfahrzeugs in Längsrichtung des Fahrzeugs.

Rettungshöhe

Lotrechte Höhe zwischen der waagerechten Standfläche und der Bodenoberseite des Korbes, gemessen in Meter ohne Belastung. Bei Drehleitern ohne Rettungskorb ist dies die Höhe der obersten Leitersprosse.

Maximale Rettungshöhe

Rettungshöhe bei maximal ausgefahrenem Leitersatz und maximalem Aufrichtwinkel, gemessen in Metern. Dabei verringert sich die Ausladung unter den Wert der Nennausladung des Hubrettungsfahrzeugs.

Nennrettungshöhe/Nennausladung

Die Nennrettungshöhe ist die festgelegte Rettungshöhe bei entsprechender festgelegter horizontaler Ausladung (= Nennausladung), gemessen in Metern. Aus Nennrettungshöhe und Nennausladung ergibt sich die Auszugslänge des Leitersatzes bei diesen festgelegten Werten, die sogenannte Nennreichweite.

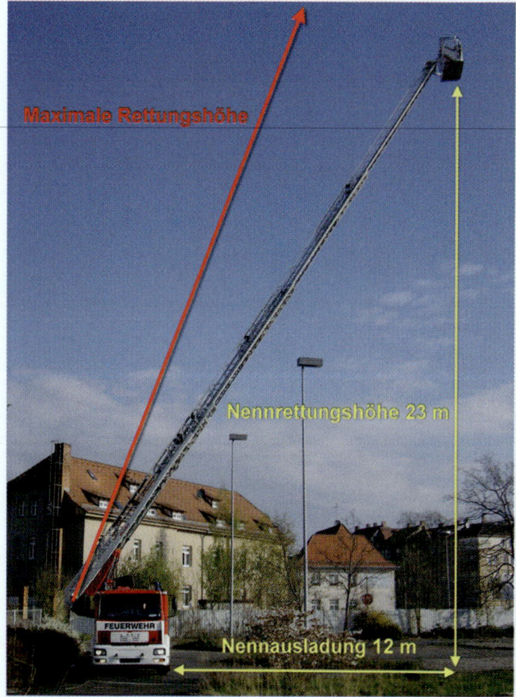

Abb. 6: Nennrettungshöhe bei Nennausladung einer DLAK 23/12. Die maximale Rettungshöhe wird bei einer kürzeren Ausladung als der Nennausladung erreicht.

Abb. 7: Horizontale Ausladung einer Drehleiter.

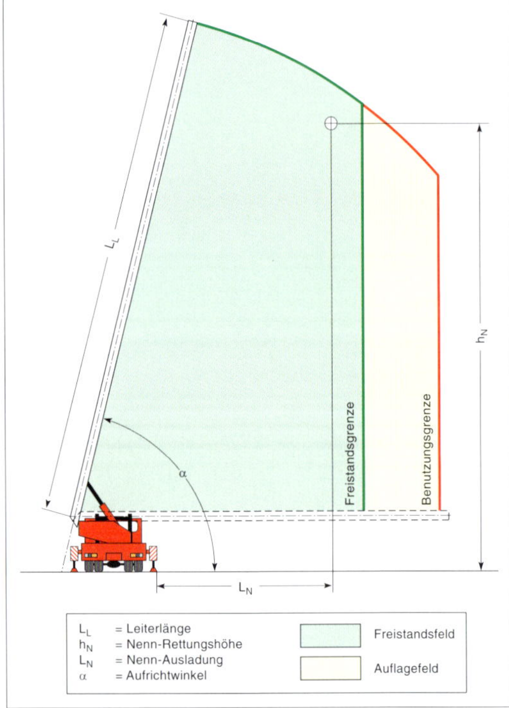

Abb. 8: Freistandsgrenze, Freistandsfeld, Benutzungsgrenze, Benutzungsfeld und Abstützkraft bei einem Hubrettungsfahrzeug. Grafik: Kemper

Horizontale Ausladung

Abstand zwischen der Fahrzeugaußenkante und dem Lot der Außenkante des Korbbodens, gemessen in Metern. Bei ausgefahrenen Abstützungen außerhalb der Fahrzeugkontur erfolgt die Messung zwischen der Außenkante der am weitesten ausgefahrenen Abstützung und dem Lot der Außenkante des Rettungskorbbodens.

Nennlast

Festgelegte Last, mit der der Rettungskorb vertikal innerhalb des jeweiligen Freistandsfeldes belastet werden darf.

Restlast

Kraft, die während des Betriebs der Drehleiter (innerhalb des Benutzungsfeldes bei beliebiger Last und Stellung der Leiter) auf der entlasteten Fahrzeugseite auf die Standfläche übertragen wird.

Benutzungsfeld/Benutzungsgrenze

Das Benutzungsfeld ist der Bereich, in dem der Leitersatz der Drehleiter bewegt werden darf, ohne die Standsicherheit des Fahrzeugs zu gefährden. Die Benutzungsgrenze stellt die maximal mögliche Ausladung im Benutzungsfeld dar.

Freistandsfeld/Freistandsgrenze

Das Freistandsfeld ist der Bereich innerhalb des Benutzungsfeldes, in dem die Leiterspitze im Freistand mit der für dieses Feld zulässigen Nutzlast belastet und bewegt werden darf, ohne die Standsicherheit des Fahrzeugs zu gefährden. Die Freistandsgrenze stellt dabei die jeweilige Grenze dar, bis zu welcher der Leitersatz mit der für dieses Feld zulässigen Nutzlast bewegt werden darf.

Auflagefeld/Auflagegrenze

Das Auflagefeld ist der Bereich, in dem die Standsicherheit des Fahrzeugs durch Bewegungen des Leitersatzes nicht gefährdet wird. Innerhalb des Auflagefeldes wird die Drehleiterspitze auf dem Objekt aufgelegt, bevor der Leitersatz belastet wird. Die Auflagegrenze stellt die Grenze des Auflagefeldes dar, bis zu der eine Bewegung des unbelasteten Leitersatzes mit oder ohne Rettungskorb innerhalb des Feldes zulässig ist.

Stützbreite

Die Stützbreite ist der Abstand zwischen den Außenkanten der jeweils am weitesten ausgefahrenen und abgesenkten Stützen auf jeder Fahrzeugseite.

Rüstzeit

Die Rüstzeit ist die Zeit, die erforderlich ist, um den Hubrettungssatz aus der Fahrstellung heraus auf die maximale Rettungshöhe bei einem Drehwinkel von 90° zur Fahrzeuglängsachse aufzurichten und auszufahren.

Leiterteile

Bestandteile des Leitersatzes, der das erste (obere) Leiterteil, das letzte (untere) Leiterteil (auf der Lafette befestigt) und die Zwischenteile (z.B. zweites Leiterteil, drittes Leiterteil, etc.) umfasst. Die Zwischenteile werden ausgehend vom ersten Leiterteil zum letzten Leiterteil gezählt.

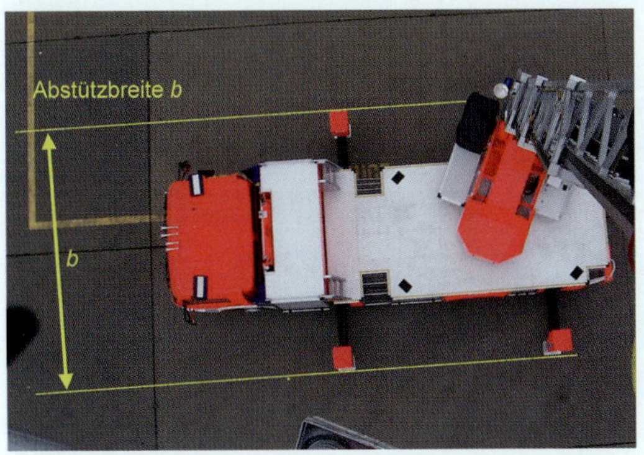

Abb. 9: Stützbreite einer Drehleiter. Die Stützbreite wird zwischen den jeweils am weitesten ausgefahrenen Abstützungen auf den beiden Fahrzeugseiten in der Fahrzeuglängsachse gemessen.

Abb. 10: Bezeichnung der Leiterteile einer Drehleiter.

1.3 Bestandteile von Drehleitern

Die nachfolgende Abbildung gibt einen Überblick über die allgemeinen Bestandteile einer Drehleiter. Die Oberseite des sogenannten „Unterwagens“ wird als Podium bezeichnet. Es dient als Auftritt für die Einsatzkräfte.

Lastöse an der Spitze letzten Leiterteiles (Unterleiter)

An der Spitze des letzten Leiterteiles (unterstes Leiterteil) befindet sich eine in die Leiterkonstruktion integrierte Lastöse zum Heben und Versetzen schwerer Lasten, welche eine Traglast von bis zu 4.000 kg aufweist. Bei Fahrzeugen mit Gelenkarm kann diese Lastaufnahmevorrichtung auch als abklappbare Traverse ausgebildet sein (z.B. Metz/Rosenbauer-Drehleitern).

Die Höhe der tatsächlich anhebbaren Last wird vom Anstellwinkel des Leitersatzes bestimmt. Je steiler der Aufrichtwinkel, desto größer die maximale Traglast.

Abb. 11: Baugruppen einer Drehleiter am Beispiel einer METZ-Drehleiter.

1.4 Funktionsweise

1.4.1 Mechanisches Grundprinzip der Funktionsweise von Drehleitern

Funktionsweise von Drehleitern

Physikalische Grundlage des Einsatzes und der Standfestigkeit von Drehleitern ist u.a. das sogenannte Hebelgesetz. In der Mechanik ist ein Hebel ein starrer Körper, der sich um einen festen Punkt dreht und an dem in bestimmten Abständen vom Drehpunkt Kräfte wirken. Die Abstände zwischen Drehpunkt und Ansatzpunkt der Kräfte werden als Hebelarme bezeichnet. Die Kräfte wirken senkrecht auf die Hebelarme und erzeugen dadurch ein Drehmoment, welches den betreffenden Hebelarm in die Richtung der wirkenden Kraft dreht. Das Drehmoment ist ein Produkt aus der Größe der auf den Hebelarm wirkenden Kraft (z.B. in kN) und dem Abstand zwischen Drehpunkt und dem Auftreffpunkt der Wirkungslinie dieser Kraft am Hebelarm, genannt Hebelarmlänge (z.B. in m). Dieser Zusammenhang lässt sich auch in einer Formel darstellen:

Drehmoment = Kraft x Hebelarm

$$M = F \times l$$

$$[Nm] = [N] \times [m]$$

In der Mechanik gibt es einseitige (einarmige) und zweiseitige (zweiarmige) Hebel, für das Verständnis der Funktion und der Standfestigkeit einer Drehleiter ist insbesondere der zweiseitige (zweiarmige) Hebel relevant. Daher soll an dieser Stelle näher darauf eingegangen werden.

Für die Funktion von zweiseitigen Hebeln und die Wirkung von Kräften an den Hebelarmen gelten folgende Gesetzmäßigkeiten:

- Die Kräfte greifen an beiden Seiten des in der Mitte befindlichen Drehpunktes an
- Die beidseits des Drehpunktes an den beiden Hebelarmen angreifenden Kräfte erzeugen ein Drehmoment in beide Richtungen (linksdrehend/rechtsdrehend)
- Es können auch mehrere Kräfte auf jeder Seite in die entsprechende Richtung wirken (linksdrehend/rechtsdrehend)

▶ Die Summe der rechtsdrehenden Momente ist gleich der Summe der linksdrehenden Momente ⇨ **Gleichgewicht der Kräfte**

Last x Lastarm = Kraft x Kraftarm

$F_1 \times l_1 = F_2 \times l_2$

[N] x [m] = [N] x [m]

Summe der linksdrehenden Momente = Summe der rechtsdrehenden Momente

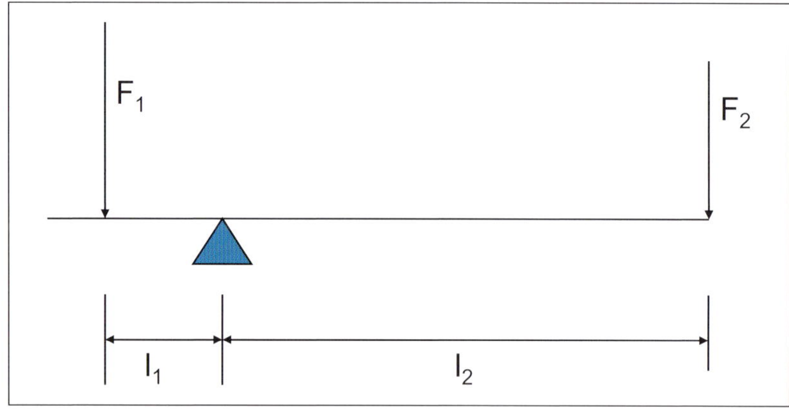

Abb. 12: Darstellung des Hebelgesetzes. l1 bzw. l2 ist der senkrechte Abstand der Kräfte F1 und F2 bzw. deren Wirkungslinien vom Drehpunkt (wirksame Hebelarmlänge).

Hebelgesetz als mechanisches Grundprinzip für die Funktionsweise von Drehleitern

Übertragen auf die Verhältnisse bei Hubrettungsfahrzeugen wie z.B. Drehleitern bedeutet das folgendes:

▶ Im Prinzip stellt der ausgefahrene (und z.B. um 90° zur Fahrzeuglängsachse gedrehte) Leitersatz einen zweiarmigen Hebel dar

▶ Der Drehpunkt des Hebels sind die beiden belasteten Abstützungen (genauer die Außenkanten der Bodendruckplatten der beiden Stützen) auf der einsatzstellenzugewandten (belasteten) Fahrzeugseite

▶ Als Lastmoment wirkt die Gewichtskraft der Personen im Rettungskorb auf der einsatzstellenzugewandten Seite des Hebelarmes (Leitersatz) zuzüglich der Gewichtskraft des Leitersatzes incl. Rettungskorb in seinem Schwerpunkt

- Als Standmoment wirkt die Gewichtskraft des gesamten Fahrzeugs (Fahrgestell, Drehgestell, etc.) auf der einsatzstellenabgewandten Seite des Drehpunktes (Abstützungen).

Um die Standsicherheit der Drehleiter zu gewährleisten und ein Umstürzen des Fahrzeugs zu verhindern, muss nun folgende Bedingung gewährleistet sein:

Das Standmoment (die Summe der Einzelmomente auf der einsatzstellenabgewandten Seite des Drehpunktes) muss mindestens gleich groß oder größer sein als das Lastmoment (Summe der Drehmomente auf der einsatzstellenzugewandten Seite des Drehpunktes = Fahrzeugseite mit ausgefahrenem Leitersatz).

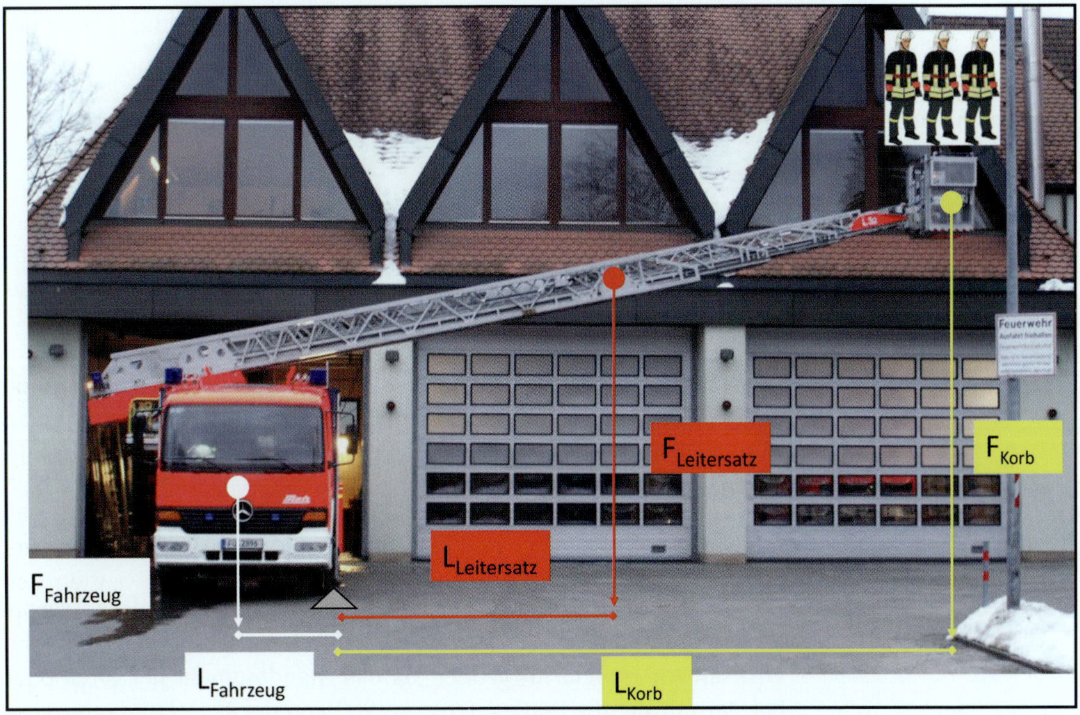

Abb. 13: Prinzip des zweiseitigen Hebels am Beispiel der Drehleiter. Die weißen Beschriftungen (Kraft „F“ und Länge „L“ des Hebelarmes) bezeichnen das Standmoment, die Summe der roten und gelben Beschriftungen (Kräfte „F“ und Länge „L“ der Hebelarme) die der Lastmomente.

$$F_{Fahrzeug} \times L_{Fahrzeug} = L_{Leitersatz} \times F_{Leitersatz} + F_{Korb} \times L_{Korb}$$

oder

$$M_{Fahrzeug} = M_{Leitersatz} + M_{Korb}$$

Ist das Standmoment gleich oder größer als die Summe der Lastmomente auf der entgegengesetzten Seite, steht die Drehleiter sicher und stabil. Würde die Summe der Lastmomente größer werden als die der Standmomente, würde die Drehleiter umkippen. Dies wird im Normalbetrieb durch die Sicherheitseinrichtungen der Drehleiter verhindert.

Beim Betriebszustand „Notbetrieb“ besteht allerdings die Gefahr, dass durch eine unzulässige Ausladungsvergrößerung die Summe der Lastmomente durch eine Vergrößerung der Ausladung das Standmoment übersteigt. Da im Betriebsmodus „Notbetrieb“ die Sicherheitseinrichtungen der Drehleiter außer Funktion sind, wird die Vergrößerung der Ausladung durch diese nicht begrenzt. Es besteht die Gefahr des Umkippens des Fahrzeuges.

Zusammengefasst bedeutet das:

M Last < M Stand ⇨ Fahrzeug steht stabil

M Last = M Stand ⇨ Fahrzeug steht stabil

M Last > M Stand ⇨ Fahrzeug kippt um

Das vorstehend genannte Hebelgesetz als mechanisches Grundprinzip beim Einsatz von Drehleitern begründet auch die Tatsache, dass im Bereich von 15° beidseits der Fahrzeuglängsachse über das Fahrerhaus und über das Heck stets das maximale Benutzungsfeld bei der maximal möglichen Korbzuladung freigegeben ist – auch bei beidseitiger Minimalabstützung der Abstützungen vorne und hinten.

Beim Ausfahren des über das Fahrzeugheck gedrehten Leitersatzes ist das Standmoment der Drehleiter (Produkt aus Fahrzeugmasse und wirksamem Hebelarm) größer als das Standmoment der Drehleiter bei Ausfahren des Leitersatzes um 90° von der Fahrzeuglängsachse weggedreht. Das liegt daran, dass beim Drehen des Hubrettungssatzes über das Fahrzeugheck und Ausfahren des Leitersatzes in der

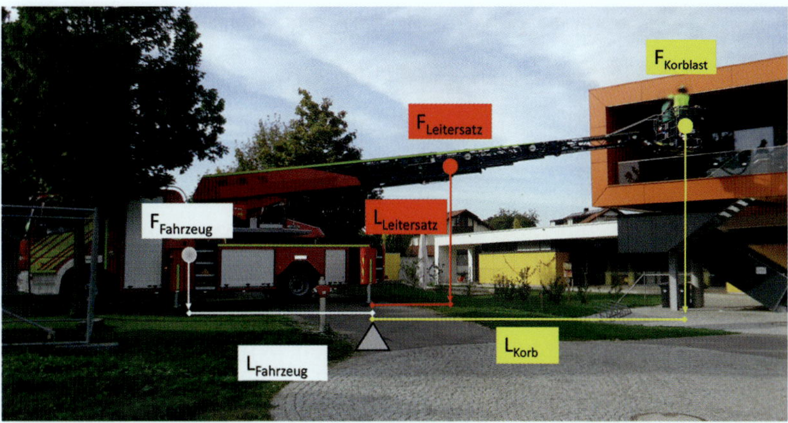

Abb. 14: Schematische Darstellung des längeren wirksamen Hebelarmes für das Standmoment beim Ausfahren des Leitersatzes über das Fahrzeugheck.

Verlängerung der Fahrzeuglängsachse die Masse des Fahrgestells der Drehleiter an einem längeren wirksamen Hebelarm wirkt als bei einer Stellung des Hubrettungssatzes von 90° zur Fahrzeuglängsachse. Hier wirkt die halbe Fahrzeugbreite zuzüglich der Abstützbreite auf dieser Fahrzeugseite als wirksamer Hebelarm für das Standmoment (wenn davon ausgegangen wird, dass die Masse des Fahrzeuges im Schwerpunkt des Fahrgestells in der Mitte = Fahrzeuglängsachse wirkt). Am Beispiel einer Metz/Rosenbauer-Drehleiter ergibt sich hierbei ein wirksamer Hebelweg von ca. 2,43 m (halbe Fahrzeugbreite von ca. 1,25 m zuzüglich ca. 1,18 m Ausfahrlänge der belasteten Abstützung).

Anders beim Ausfahren des Leitersatzes über das Fahrzeugheck. Nachdem auch hierbei die Masse des Fahrgestells in ihrem Schwerpunkt ungefähr in der Fahrzeugmitte (halbe Fahrzeuglänge) wirkt, ist der wirksame Hebelweg zwischen dem Angriffspunkt der Masse am Hebelarm und dem Drehpunkt (die Bodendruckplatten der beiden hinteren Abstützungen) länger. Damit wird auch das Produkt aus wirksamer Hebelarmlänge „l“ und der am Ende des Hebelarmes wirkenden Gewichtskraft des Fahrzeuges „F“ größer. Infolge des hierbei längeren Hebelarmes vergrößert sich die maximal mögliche Ausladung des Leitersatzes über das Fahrzeugheck bei gleicher Korbzuladung im Vergleich zur Ausladung in einem Winkel von 90° zur Fahrzeuglängsachse.

1.4.2 Zusammenspiel der einzelnen Baugruppen der Drehleiter

Die über einen Nebenantrieb vom Fahrzeugmotor angetriebene Hydraulikpumpe erzeugt einen Ölstrom mit hohem Druck (je nach Fahrzeugtyp und Hersteller bis zu 280 bar), welcher über Hydraulikleitungen und elektrisch betätigte Steuerventile den Abstützungen und dem Hubrettungssatz zugeführt wird.

Um den Nebenantrieb zuschalten zu können, muss zunächst die Feststellbremse des Fahrzeugs eingelegt werden. Wird die Feststellbremse nicht eingelegt, lässt sich der Nebenantrieb nicht einschalten. Mit dem Einschalten des Nebenantriebs wird das Fahrgetriebe gesperrt, es lässt sich kein Gang mehr einlegen bzw. bei Fahrzeugen mit Automatikgetriebe der Wahlhebel nicht in Fahrtstellung („D" = Drive) schalten. Dies stellt die erste Sicherheitseinrichtung dar, die verhindert, dass das Fahrzeug mit eingelegtem Nebenantrieb bewegt werden kann. Diese Einrichtung verhindert ebenso, dass bei einem ungebremsten Fahrzeug der Leiterbetrieb eingeleitet werden kann.

Mit dem Einschalten des Nebenantriebs wird die Hydraulikpumpe im Unterwagen mit dem Fahrzeugmotor gekoppelt und die Pumpe auf Lehrlaufdrehzahl gebracht, sie erzeugt einen kontinuierlichen Ölstrom mit geringem Volumen. Dieser Ölstrom wird über eine drucklose Rücklaufleitung umgewälzt, solange keine Bewegungen der Abstützung oder des Hubrettungssatzes aktiviert werden.

Abstützvorgang

Bei Einleitung des Abstützvorganges durch Auslenken des Steuerhebels an einem der Steuerstände für den Abstützbetrieb am Fahrzeugheck wird die Drehzahl des Fahrzeugmotors und damit der angekoppelten Hydraulikpumpe erhöht. Hierdurch steigt die umgewälzte Ölmenge an, um den für den Betrieb der Hydraulikzylinder in Abstützung und Hubrettungssatz erforderlichen Volumenstrom zu erzeugen.

Zunächst werden die Hydraulikzylinder der Federfeststellvorrichtung angesteuert, wodurch die Hinterachse in ihrer Lage arretiert wird. Nach Arretierung der Hinterachse wird der Ölstrom über die Steuerventile zu den Abstützungen geleitet, wodurch die Stützen auf die angewählte Stützbreite ausfahren und bis zum Erreichen eines vordefinierten Bodendrucks abgesenkt und gegen die Standfläche gepresst werden.

Parallel zum Abstützvorgang erfolgt das Aufrichten des Rettungskorbes. Dieser Vorgang erfolgt, je nach Drehleitertyp, entweder zwangsgesteuert parallel zum Ausfahren der Stützen oder muss manuell angewählt werden.

Nach Signalisierung eines ausreichenden Bodendrucks durch die Drucksensoren von allen vier Abstützungen an die Steuerung erfolgt der Druckumbau auf den Hubrettungssatz (Drehgestell mit Aufrichtzylinder und Leitersatz). Hierzu schaltet das Steuerventil um und leitet den von der Hydraulikpumpe erzeugten Ölstrom zu den Steuerventilen

- der Aufrichtzylinder,
- des hydraulischen Antriebes für das Ein- u. Ausfahren des Leitersatzes und
- der Hydraulikzylinder des Terrainausgleiches.

Darüber hinaus steht der Ölstrom am Steuerventil des Hydromotors für die Drehbewegungen des Drehgestells mit Lafette und Leitersatz an.

Ein auf dem Leitersatz abgeklappter Rettungskorb übt keine Sperrfunktion auf die Leiterbewegungen aus, es ertönt jedoch ein akustisches Warnsignal, welches auf den noch in Fahrstellung abgeklappten Rettungskorb hinweist.

Bei Betätigung der entsprechenden Steuerhebel für die Leiterbewegungen „Aufrichten/Neigen“, „Drehen links/rechts“ und „Ausfahren/ Einfahren“ an den Armlehnen des Hauptbedienstandes oder an den Steuerhebeln des Korbbedienstandes fließt das Öl zu den angewählten Hydraulikzylindern bzw. Hydraulikantrieben und beaufschlagt diese mit dem notwendigen Öldruck.

Aus- und Einfahren des Leitersatzes

Das Aus- und Einfahren des Leitersatzes erfolgt über Seilantrieb und Seilzüge (z.B. Magirus-Drehleiter) oder über doppeltwirkende Ausschubzylinder und hierdurch zwangsgesteuerte Seilzüge (z.B. Metz/Rosenbauer-Drehleiter). Um den Leitersatz auch bei schrägen Standflächen in der Waagerechten zu halten, ist der Hubrettungssatz nach allen Richtungen beweglich auf dem Unterwagen (Fahrgestell) gelagert. Die Ausrichtung in die Waage stellen die Hydraulikzylinder der Terrainregulierung sicher, welche zwischen dem Fahrzeugrahmen des Unterwagens und dem Drehgestell des Hubrettungssatzes installiert sind. Mit Hilfe dieser Terrainregulierung können Gefälle in der Standfläche kompensiert werden (bis zu 10° nach allen Richtungen).

Alle Bewegungen des Hubrettungssatzes werden permanent durch mehrere Rechner überwacht. Diese stellen sicher, dass während des gesamten Leiterbetriebes keine unsicheren Betriebszustände eintreten.

In die Steuerungsrechner fließt eine Vielzahl von Messwerten ein, welche mit gespeicherten Werten abgeglichen werden, die für einen sicheren Betrieb des Hubrettungssatzes vordefiniert sind.

Die hierfür erforderlichen Messwerte werden von den Sensoren abgegriffen, die die aktuellen Betriebszustände erfassen. Die Einbauorte dieser Sensoren befinden sich

- ▶ an den Abstützungen
- ▶ am Drehgestell des Hubrettungssatzes
- ▶ am Leitersatz
- ▶ am Rettungskorb

Beim Ausfahren der Abstützungen wird die Ausfahrlänge aller vier Abstützungen erfasst und anhand der ermittelten Werte vom Rechner das entsprechende Benutzungsfeld auf jeder Fahrzeugflanke sowie an Fahrzeugfront und Fahrzeugheck freigegeben.

Ermittlung der Ausschublänge

Die Ermittlung der Ausschublänge der Abstützungen und darauf basierend die Freigabe des entsprechenden Benutzungsfeldes erfolgt stufenlos, d.h. ohne Grobrasterung. Daraus resultiert, dass jeder Zentimeter, den die Abstützungen weiter ausgeschoben werden können, das Benutzungsfeld des Hubrettungssatzes entsprechend erweitert.

In die Berechnung des zur Verfügung stehenden Benutzungsfeldes fließt auch eine Neigung der Standfläche mit ein. Ein Neigungsmesser ermittelt den Grad der Neigung, der ermittelte Wert wird in den Rechner eingespeist. Bei einer Neigung des Fahrzeugs in Querrichtung wird die Mindestabstützbreite auf der hangabgewandten Fahrzeugflanke vergrößert. Darüber hinaus erfolgt eine Einschränkung des Benutzungsfeldes auf der hangabgewandten Fahrzeugseite; Auszugslänge des Leitersatzes und damit die Ausladung zu dieser Seite werden reduziert.

Auf der hangzugewandten Fahrzeugseite erfolgt eine Begrenzung des Aufrichtwinkels des Leitersatzes abhängig von der Größe des Neigungswinkels.

Diese Einschränkungen ergeben sich auch bei einer Neigung der Standfläche in Längsrichtung des Fahrzeugs. Hierbei werden ebenfalls Auszugslänge des Leitersatzes und Ausladung auf der hangabgewandten Fahrzeugseite sowie der Aufrichtwinkel auf der hangzugewandten Fahrzeugseite (Front oder Heck) reduziert.

Der Hubrettungssatz kann innerhalb des freigegebenen Benutzungsfeldes bewegt werden. Die aktuellen Betriebszustände des Hubrettungssatzes werden durch unterschiedliche Sensoren innerhalb des Leitersatzes und im Drehkranz erfasst und an den Rechner übermittelt. Durch die Sensoren werden folgende Betriebszustände ermittelt:

- ▶ Auszugslänge des Leitersatzes
- ▶ Aufrichtwinkel des Leitersatzes
- ▶ Drehwinkel des Hubrettungssatzes (0° – 360°)
- ▶ Belastung des Leitersatzes (mit und ohne Rettungskorb)
- ▶ Anstoß des Leitersatzes oder des Rettungskorbes.

Alle ermittelten Werte werden zusammengefasst und mit den Werten des durch die jeweilige Abstützbreite freigeschalteten Benutzungsfeldes verglichen. Überschreiten die Belastungswerte des Leitersatzes die für diesen Bereich des Benutzungsfeldes zulässigen Werte, werden die entsprechenden Leiterbewegungen gestoppt. Hierdurch werden unsichere Betriebszustände und damit ein Umstürzen des Fahrzeugs verhindert. Die Messung der Belastung des Leitersatzes erfolgt durch verschiedene Sensoren an unterschiedlichen Stellen des Hubrettungssatzes, z.B. sogenannte Dehnstreifen bei Magirus-Drehleitern oder Kraftmessbolzen an den Verbindungen des Drehgestells und des Leitersatzes bei den Metz/Rosenbauer-Drehleitern.

Bei Aufrichten und Neigen des Leitersatzes wird die Lage des Rettungskorbes zwangsgesteuert an den jeweiligen Aufrichtwinkel des Leitersatzes über einen separaten hydraulischen Stellmotor angepasst (nivelliert).

Um Beschädigungen des Rettungskorbes und des Leitersatzes durch Anstöße an Hindernisse zu verhindern, werden beide Baugruppen mit Anstoßsensoren überwacht. Diese erfassen Verschränkungen einzelner Leiterteile untereinander bzw. Verschränkungen des Rettungskorbes gegenüber dem Leitersatz und unterbrechen bei einem Anstoß des Leitersatzes oder des Rettungskorbes an ein Hindernis sämtliche Leiterbewegungen. Der Rechner lässt anschließend nur noch freifahrende Bewegungen des Leitersatzes zu, d.h. generell die entgegengesetzte Bewegung der Anstoßrichtung.

Die Sensoren der Anstoßsicherung sprechen bei folgenden Betriebszuständen an:

- Seitenanstoß des Rettungskorbes links/rechts
- Neigeanstoß des Rettungskorbes
- Frontanstoß des Rettungskorbes (Ausfahren)
- Rückwärtiger Anstoß des Rettungskorbes (Korbrückseite)
- Seitenanstoß des Leitersatzes links/rechts
- Neigeanstoß des Leitersatzes
- Anstoß der Leiterspitze (Ausfahren)

Darüber hinaus wird die Lastverteilung im Rettungskorb überwacht und bei Torsionsbelastungen des Leitersatzes durch ungünstige Lastverteilung im Korb die Bewegungen des Hubrettungssatzes gesperrt.

Notbetriebseinrichtung[5]

Um bei Ausfall der Elektrik oder der vom Fahrzeugmotor angetriebenen Hydraulikpumpe die Drehleiter im Einsatzfall wieder in Fahrstellung zurücknehmen zu können, ist eine Redundanz zu den Steuerventilen und der Hydraulikpumpe in Form der Notbetriebseinrichtungen vorhanden. Um bei Ausfall der vom Fahrzeugmotor angetriebenen Hydraulikpumpe den für die Bewegungen des Hubrettungssatzes und der Abstützungen erforderlichen Ölstrom zu erzeugen, ist eine Handpumpe fester Bestandteil des Fahrzeugs. Mit dieser kann ein Ölstrom in ausreichender Menge sichergestellt werden, um den Hubrettungssatz in Fahrstellung zurückzufahren, die Abstützungen einzufahren sowie die Federfeststellvorrichtung zu entriegeln.

Darüber hinaus besteht die Möglichkeit der Installation einer elektrisch betriebenen Ölpumpe, welche entweder über das Bordnetz (24 V =) oder über eine externe Spannungsquelle (z.B. Stromerzeuger der Feuerwehr 230 V ~) gespeist wird.

Diese Pumpe weist ein größeres Pumpvolumen als eine Handpumpe, aber ein erheblich geringeres als die vom Fahrzeugmotor angetriebene Pumpe auf, daher sind die Bewegungen des Hubrettungssatzes und der Abstützungen im Notbetrieb gegenüber dem Normalbetrieb erheblich verlangsamt.

Fällt die Elektrik des Fahrzeugs aus, können sämtliche Steuerventile für die Bewegungen des Hubrettungssatzes und der Abstützung ma-

[5] Siehe auch Kapitel 5

nuell bedient werden. Die hierfür notwendigen Bedienhebel befinden sich am Hauptsteuerstand (Bedienung des Hubrettungssatzes) sowie im Unterwagen des Fahrzeugs (Bedienung der Stützen). Durch diese Notbetriebseinrichtungen ist jederzeit ein Zurücknehmen der Leiter in die Fahrstellung sichergestellt.

2 Allgemeine Einsatzgrundsätze

Die allgemeinen Einsatzgrundsätze umfassen sowohl Faktoren, die für die Positionierung der Drehleiter bestimmend sind als auch Handlungsgrundsätze, die beim Betrieb von Drehleitern bei Übung und Einsatz zu beachten sind. Die allgemeinen Einsatzgrundsätze sollen einen sicheren Betrieb des Hubrettungsfahrzeuges sicherstellen. In diesem Kapitel sollen die Faktoren, die bei der Auswahl des Standplatzes der Drehleiter zu berücksichtigen sind, beschrieben werden. Die Wahl des Standplatzes ist von einer Vielzahl von Faktoren abhängig, die im Einsatzfall ggf. in kürzester Zeit von Einsatzleiter, Fahrzeugführer und Maschinist überprüft bzw. berücksichtigt werden müssen. Zum einen müssen die von den Drehleiterherstellern vorgegebenen technischen Benutzungsgrenzen eingehalten werden. Hierfür sind die Vorgaben der Hersteller in den Bedienungsanleitungen maßgebend und diese zu beachten und einzuhalten. Andererseits muss am Einsatzort oftmals eine schnelle Sichtung, Gewichtung und Abwägung der Umgebungsbedingungen, die die Aufstellung der Drehleiter beeinflussen, durchgeführt werden. Hierbei ist die sogenannte „HAUS-Regel"[6] hilfreich, die die Einsatzkräfte bei dieser durchzuführenden Bewertung des Standplatzes an der Einsatzstelle unterstützen kann. Anhand dieser eingängigen Merkregel sollen die allgemeinen Aspekte der Fahrzeugpositionierung und möglichen Gefahren beim Drehleitereinsatz dargestellt werden.

[6] Jan Ole Unger, Nils Beneke, www.Drehleiter.info, (2005); Ausgabe 7 vom 15.03.2015

2.1 Aufstellfläche

2.1.1 Verkehrsabsicherung

Verkehrsabsicherung als primäre Einsatzhandlung

Um den sicheren Einsatz der Drehleiter zu gewährleisten, ist die gewählte Aufstellfläche an der Einsatzstelle ggf. gegen den fließenden Verkehr abzusichern (sofern sich die Einsatzstelle an bzw. auf einer öffentlichen Straße befindet). Diese Maßnahme geht allen anderen Maßnahmen an der Einsatzstelle voraus. Die Absicherung der Drehleiter gegen den fließenden Straßenverkehr hat oberste Priorität vor allen anderen Maßnahmen, da der fließende Verkehr an der Einsatzstelle eine der größten und schwerwiegendsten Gefahren beim Einsatz von Hubrettungsfahrzeugen darstellt. Die schnelle Durchführung einer Verkehrsabsicherung an der Einsatzstelle ist eine wichtige Voraussetzung für die Sicherheit von Einsatzkräften und ggf. zu rettenden Personen sowie zur Verhinderung einer Beschädigung des Fahrzeuges.

Der fließende Verkehr an der Einsatzstelle stellt eine erhebliche Gefahr beim Einsatz von Drehleitern dar. Daher muss schnell eine Absicherung gegen diese Gefahr mit geeigneten Mitteln erfolgen.

Für die Durchführung der Verkehrsabsicherung können beispielsweise folgende Hilfsmittel eingesetzt werden:

- Blaue Rundumkennleuchten
- Warnblinkleuchten des Fahrzeugs
- Warnschild (Warndreieck)
- Warnblitzleuchte bei Nacht und schlechten Sichtverhältnissen
- Verkehrsleitkegel → Verkehrsausleitung aus der als Aufstellfläche genutzten Fahrspur
- Stabblitzleuchten zum Einstecken in die Verkehrsleitkegel

Bei der Absicherung der Einsatzstelle sind die von der UVV vorgeschriebenen Abstände zwischen den Sicherungsmitteln und der Einsatzstelle einzuhalten[7]. Auf Bundesstraßen beträgt der Abstand zwischen Drehleiter und dem Warndreieck bzw. Faltsignal 200 m, in 100 m Entfernung zum Fahrzeug erfolgen die Aufstellung eines wei-

[7] Siehe auch DGUV Information 205-010 „Sicherheit im Feuerwehrdienst" (ehem. GUV-I 8651)

Abb. 15: Absicherung der Drehleiter vor Beginn der Arbeiten bzw. Abarbeitung des Einsatzes.

teren Warndreiecks bzw. Faltsignals und die Ausleitung des Verkehrs auf die Gegenfahrbahn bzw. zweite Richtungsfahrbahn.

Durchführung der Verkehrsabsicherung nach GUV Information 205-010

Innerhalb geschlossener Ortschaften erfolgt die Aufstellung des Warndreiecks/Faltsignals in einem Abstand von 30 m – 50 m vom Fahrzeug.

Bei Straßen mit Fahrbahnen für beide Richtungen ohne bauliche Trennung erfolgt die Sicherung mit den oben genannten Abständen auch für die Gegenfahrbahn.

Nachts und bei schlechten Sichtverhältnissen sind zusätzlich zu den Faltsignalen Blitzleuchten aufzustellen.

Bei unübersichtlichem Straßenverlauf sind die Abstände entsprechend zu erweitern.

Bei Vorliegen eines zeitkritischen Einsatzes, wie beispielsweise einer Menschenrettung im Rahmen eines Brandeinsatzes, oder einer Einsatztätigkeit mit großem Platzbedarf an der Einsatzstelle (z.B.

Brandbekämpfung bei Dachstuhlbrand) ist ggf. eine Vollsperrung der Fahrbahn(en) durchzuführen. Diese Maßnahme kann beispielsweise in der Anfangsphase eines Einsatzes mit Hilfe eines Löschfahrzeuges erfolgen. Die weiteren Maßnahmen zur Sperrung bzw. Absicherung der Straße sollte durch die Polizei erfolgen.

Bei innerörtlichen, zeitkritischen Einsätzen im Rahmen einer Menschenrettung ist eine Vollsperrung der Straße durchzuführen.

Überstand des Drehgestells

Überstand des Drehgestells im öffentlichen Verkehrsraum

Bei Sperrung einer Fahrspur für die Aufstellung der Drehleiter ist der Überstand des Drehgestells über die Fahrzeugkontur auf der einsatzstellenabgewandten Fahrzeugseite bei der Durchführung der Verkehrsabsicherung zu berücksichtigen.

Bei Drehung des Leitersatzes um 90° zur Fahrtrichtung ragt das Drehgestell bis zu 1,5 m in die Gegenfahrbahn bzw. die zweite Richtungsfahrbahn hinein. Wenn diese nicht abgesperrt sind, muss dieser Überhang des Drehgestells durch die entsprechende Aufstellung von Verkehrsleitkegeln abgesichert werden.

2.1.2 Standfläche

Ein wesentlicher Faktor für die Durchführung eines sicheren Drehleitereinsatzes ist die Beschaffenheit der Standfläche, auf der die Drehleiter aufgestellt wird, insbesondere deren Neigung

Die Qualität und damit die Sicherheit der Standfläche werden insbesondere von folgenden Parametern bestimmt:

- verfügbare Flächengröße bzw. Platzbedarf der Drehleiter
- Neigung (in Längsrichtung und Querrichtung)
- Belastbarkeit für die Aufnahme des auftretenden Bodendrucks
- Oberflächenbeschaffenheit des Straßenbelags (Reibungswert).

Verfügbare Flächengröße der Standfläche

Bei der Auswahl der Standfläche sind die Abmessungen der Drehleiter bei komplett ausgefahrenen Abstützungen zu berücksichtigen. Diese Abmessungen, Länge und Breite zwischen den Außenkanten

Abb. 16: Absicherung des Überstandes des Drehgestells über die Fahrzeugkontur mittels Verkehrsleitkegeln. Bei Dunkelheit sind ggf. noch ergänzend Blitzleuchten einzusetzen.

der Bodendruckplatten der vorderen und hinteren Abstützzylinder bzw. Abstützbalken auf beiden Fahrzeugseiten, müssen mit den Abmessungen der vorgesehenen Standfläche übereinstimmen.

Innerhalb dieser Fläche muss der Untergrund der Standfläche der beim Leitereinsatz auftretenden Belastung standhalten. Hierfür muss der Untergrund einen Bodendruck von bis zu 80 N/cm^2 aufnehmen können. Steht diese Fläche nicht zur Verfügung, können nicht beidseitig alle Abstützungen auf ihre maximale Ausschublänge ausgefahren werden, woraus eine Verringerung des Benutzungsfeldes im Bereich der entsprechenden Abstützung resultiert.

Am Beispiel einer Magirus-Drehleiter beträgt die maximal mögliche Abstützbreite 5,20 m, wodurch sich die Größe der erforderlichen Aufstellfläche entsprechend vergrößert.

■ Neigung der Standfläche

Einfluss der Neigung der Standfläche auf den Einsatz

Die Neigung der Standfläche hat gravierende Auswirkungen auf die Funktionen des Hubrettungssatzes wie Aufrichtwinkel und Ausladung des Leitersatzes. Daher ist bei der Aufstellung der Drehleiter auf eine möglichst gerade Standfläche zu achten.

Durch den automatischen Terrainausgleich der Drehleiter werden Längs- u. Querneigungen der Standfläche von bis zu 10° (Magirus-Drehleiter) ausgeglichen. Hierdurch wird die Begehbarkeit des Leitersatzes bei Längs- u. Querneigungswinkeln über 0° sichergestellt. Werden die beiden vorstehend genannten Werte um jeweils 3° überschritten, erfolgt die Abschaltung der Drehbewegung des Hubrettungssatzes. Es sind nur noch Bewegungen möglich, die die seitliche Neigung des Leitersatzes reduzieren.

Übersteigt der Längs- o. Querneigungswinkel den neutralen Winkel von 0° einer waagerechten Standfläche, führt dies zu Einschränkungen des Leiterbetriebs. Bei Querneigungswinkeln über den oben genannten Werten verringert sich die Ausladung zu der hangabwärtsgewandten Fahrzeugseite. Dieser Umstand ist auf die Verschiebung des Fahrzeugschwerpunktes in Richtung des Gefälles zurückzuführen.

Hierdurch verringert sich das Lastmoment der zur Standfläche drehenden Kräfte. Das Fahrzeug nähert sich ein Stück weiter der Kippgrenze an, der Anpressdruck der Bodendruckplatten der der Ausladung gegenüberliegenden Fahrzeugseite reduziert sich.

Aus der Vergrößerung des Querneigungswinkels resultiert ebenfalls eine Reduzierung des Aufrichtwinkels auf der dem Hang zugewandten Fahrzeugseite.

Die Überschreitung des Längsneigungswinkels über die oben aufgeführten Werte hat ebenfalls eine Reduzierung des Aufrichtwinkels zur Folge.

Abb. 17: Ausgleich der Neigung einer Standfläche in Fahrzeugquerachse durch die Terrainausgleichseinrichtung am Beispiel einer Magirus-Drehleiter. In diesem Fall ist durch die Schrägstellung des Fahrzeuges der Aufrichtwinkel auf der rechten Fahrzeugseite (bergseitig) begrenzt.

Der absolute Winkel setzt sich aus Aufrichtwinkel und Neigungswinkel des Geländes (Längs- bzw. Querneigungswinkel) zusammen ⇨ Reduzierung des maximal möglichen Aufrichtwinkels!

Maßnahmen beim Drehleitereinsatz auf geneigten Standflächen

Die Neigung der Standfläche sollte maximal 7° betragen, größere Neigungswerte haben Einschränkungen der Leiterbewegungen sowie die Gefahr des Wegrutschens der Drehleiter zur Folge (insbesondere unter winterlichen Straßenverhältnissen).

Bei Fahrzeugen mit Waagrecht-Senkrecht-Abstützung (z.B. Metz/ Rosenbauer-Drehleiter) ist der Einsatz von Unterlegplatten möglich, um geringe Neigungen der Standfläche auszugleichen. Dabei sind folgende Grundsätze zu beachten, um einen sicheren Betrieb zu gewährleisten:

- Maximal **zwei** Platten pro Abstützung, bei Verwendung von zwei Unterlegplatten müssen diese um 90° versetzt aufeinandergelegt werden (Sicherstellung der elektrischen Leitfähigkeit auch bei Verrutschen der Platten untereinander)
- Bei Längs- bzw. Querneigungswinkeln der Standfläche von > 7° **kein** Einsatz von Unterlegplatten ⇨ Gefahr des Wegrutschens der Drehleiter!

Achtung: nur die originalen elektrisch leitfähigen Unterlegplatten des Herstellers verwenden! Unterlegplatten um 90° versetzt zueinander anordnen.

Für Drehleitern mit Waagrecht-Senkrecht-Abstützung (z.B. Metz/ Rosenbauer-Drehleiter) gilt: Einsatzstelle (Aufstellfläche) möglichst hangaufwärts anfahren. Die Vorderachse muss Bodenkontakt haben, da das Benutzungsfeld über dem Fahrerhaus nicht limitiert ist. Beim Freiheben der Vorderachse und extremer Belastung des Hubrettungssatzes im Benutzungsfeld über dem Fahrerhaus besteht Kippgefahr über die vorderen beiden Abstützungen an beiden Fahrzeugseiten, wenn die Einsatzstelle hangabwärts angefahren wird.

Abb. 18: Unterlegplatten (hier am Beispiel einer Metz/Rosenbauer-Drehleiter). Die Platten müssen zur Sicherstellung der elektrischen Leitfähigkeit um 90° verdreht zueinander platziert werden.

Wird die Einsatzstelle hangaufwärts angefahren, kann eine Neigung der Standfläche von bis zu 7°durch erweitertes Ausfahren der hinteren Abstützzylinder kompensiert werden. Da dabei die Hinterachse freigehoben wird, müssen beide Radkeile des Fahrzeuges unter die Reifen der Vorderachse untergelegt werden.

Abb. 19: Anfahren der Einsatzstelle hangaufwärts und Unterlegen der Radkeile unter der auf der Standfläche verbleibenden Fahrzeugachse am Beispiel einer Metz-Drehleiter. Kompensation der Längsneigung mit Hilfe der hinteren beiden Abstützzylinder.

Einsatz der Radkeile auf geneigten Standflächen

Das Unterlegen von Radkeilen unter die Reifen der Achse mit Bodenkontakt ist bei der Aufstellung von Drehleitern auf geneigten Standflächen generell notwendig:

- **Bei Metz/Rosenbauer-Drehleiter → Radkeile unter die Vorderachse**
- **Bei Magirus-Drehleiter → Radkeile unter die Hinterachse**

Abb. 20: Einsatz der Radkeile bei einer Magirus-Drehleiter.

2.2 Abstützung

Um das vollständige Benutzungsfeld der Drehleiter im gesamten Drehbereich des Hubrettungssatzes zwischen 0° und 360° nutzen zu können, müssen alle Abstützungen auf beiden Fahrzeugseiten soweit möglich auf ihre volle Länge ausgefahren werden. Wenn die Ausfahrlänge durch Hindernisse eingeschränkt ist, sind die Abstützungen so weit wie möglich bis an das Hindernis heran auszufahren.

Durch die stufenlose Abtastung der Abstützungen hinsichtlich ihrer Ausfahrlänge ergibt prinzipiell jeder zusätzliche Zentimeter an Ausschublänge eine Vergrößerung des Benutzungsfeldes des Leitersatzes.

Abb. 21: Die Abstützungen auf der belasteten (dem Einsatzobjekt zugewandten) Fahrzeugseite sind unter Berücksichtigung der vorhandenen Hindernisse so weit wie möglich auszufahren.

Maximale Abstützbreite beim Abstützen der Drehleiter

Auf der der Einsatzstelle zugewandten Fahrzeugseite ist generell die maximale Ausfahrlänge der Abstützungen anzustreben. Um dies auch an Einsatzstellen mit beengten Straßenverhältnissen umsetzen zu können, muss die Drehleiter u. U. nahe dem der Einsatzstelle gegenüberliegenden Straßenrand platziert werden. Auf dieser Fahrzeugseite ist dann die Minimalabstützung (Fahrzeugkonturabstützung) durchzuführen. Hierbei ist allerdings auch der sich ggf. ergebende Überstand des Drehgestells über ggf. vorhandene Hindernisse am Straßenrand (z.B. geparkte Kleinlastwagen, Mauern, Kleinbusse, Laternenmasten, SUVs, etc.) auf der der Einsatzstelle abgewandten Fahrzeugseite zu beachten. Gleiches gilt auch für befestigte Feuerwehrzufahrten, auch hier muss das Fahrzeug so auf der Zufahrt/Aufstellfläche positioniert werden, dass die Abstützungen auf der belasteten Fahrzeugseite (zum Einsatzobjekt hin) auf ihre maximale Länge ausgefahren werden können.

Positionierung der Drehleiter auf der Aufstellfläche

Lassen Hindernisse auf der dem Einsatzobjekt abgewandten Fahrzeugseite ein Drehen des Hubrettungssatzes zum Anleiterziel hin nicht zu, muss das Fahrzeug dennoch näher zum Einsatzobjekt hin positioniert werden, um zwischen dem Überstand des Drehgestells und dem Hindernis einen ausreichenden Abstand zu gewährleisten.

Abb. 22: Positionierung der Drehleiter auf einer befestigten Aufstellfläche unter Berücksichtigung des benötigten Platzes zum kompletten Ausfahren der Abstützungen auf der einsatzstellenzugekehrten Fahrzeugseite. Hierfür wird (am Beispiel einer Magirus-Drehleiter) ein Abstand von mindestens 2,60 m zum Rand der befestigten Aufstellfläche – gemessen ab Drehkranzmitte – benötigt.

Die überwiegende Zahl der eingesetzten Drehleitern erfüllt jedoch die Normforderungen hinsichtlich Nennausladung und Nennrettungshöhe mit einer Mindestlast von 90 kg im Rettungskorb auch bei der Minimalabstützung des Fahrzeugs. Daher ist die Einschränkung der Abstützbreite in solchen Sonderfällen tolerierbar (siehe auch Kapitel 4.2.4).

Bei Vorwahl der 3-Personen-Belastungsgrenze und Minimalabstützung sind Ausladungswerte von ca. 9,70 m (Metz-DLK, Bj. 2004) bzw. 10,80 m (Magirus-DLK, Bj. 2004), gemessen zwischen Fahrzeugkante und dem Lot der Korbfront zur Standfläche hin, möglich (Leitersatz 90° quer zur Fahrzeuglängsachse gedreht).

Abb. 23: Bei Minimalabstützung (Fahrzeugkonturabstützung) werden Nennausladung und Nennrettungshöhe mit einer Korblast von 90 kg (entsprechend einer Person im Rettungskorb) erreicht (hier am Beispiel einer Magirus-Drehleiter, Baujahr 2004).

2.3 Drehleitereinsatz bei starkem Wind

Starker Wind bzw. Windböen können den Einsatz von Drehleitern einschränken oder im Extremfall ganz verhindern. Bei Überschreitung von durch die Hersteller festgelegten Windstärken wird die Standsicherheit von Drehleitern durch den auf den Leitersatz und den Rettungskorb wirkenden Winddruck gefährdet. Dieser erhöht bei entsprechender Windrichtung das auf den Leitersatz einwirkende Lastmoment, wodurch das Fahrzeug näher an das Kippmoment gerät. Es besteht im schlimmsten Fall die Gefahr des Umstürzens.

Eine weitere Gefahr ist die mechanische Überlastung des Leitersatzes durch windbedingte Schwingungen und Verwindungen in der Längsachse des Leitersatzes. Hierdurch besteht die Gefahr des Abknickens des Leitersatzes insbesondere bei maximal möglicher Ausziehlänge und großen Aufrichtwinkeln.

Einschätzung der Windverhältnisse an der Einsatzstelle

Bei der Einschätzung der Windverhältnisse ist zu beachten, dass die Windstärke an der Einsatzstelle erheblich variieren kann. Windstärke und Windrichtung hängen insbesondere ab von

- umliegender Bebauung,
- topographischen Verhältnissen an der Einsatzstelle (Hügel, Geländeeinschnitte),
- umgebender Vegetation (Bäume, Bewaldung),
- Lage des Leitersatzes bzw. des Rettungskorbes über Grund (Ausziehlänge und Aufrichtwinkel des Leitersatzes).

Die oben aufgeführten Faktoren haben maßgeblichen Einfluss auf Stärke und Richtung des auf den Leitersatz einwirkenden Windes. Umliegende Bebauung und Vegetation (Baumgruppen oder Bewaldung) können die Drehleiter von den vorherrschenden Windströmungen teilweise oder ganz abschirmen. Gebäude können neben dem Abschirmeffekt auch Auswirkungen auf die Windrichtung haben und diese ablenken. Oberhalb der Bebauungs- bzw. Vegetationsgrenze können Windrichtung und -stärke erheblich von den bestehenden Verhältnissen im Bodenbereich abweichen.

Beurteilung der Windverhältnisse

Hilfestellung bei der Beurteilung der Windverhältnisse in 20 – 30 m über Grund kann z.B. die Beobachtung von

- Baumwipfeln und Baumästen,
- Dachantennen und Satellitenempfangsantennen,
- Leitungskabeln von Hochspannungsfreileitungen,
- Nahegelegenen Windenergieanlagen oder Windrädern geben.

Anhand der windbedingten Schwingungen und Auslenkungen dieser Gegenstände kann auf Stärke und Intensität der in größeren Höhen über Grund vorherrschenden Windverhältnisse geschlossen werden[8].

---

[8] Siehe auch die Beaufort-Skala im „Wetterlexikon" des Deutschen Wetterdienstes DWD

In Abhängigkeit der Windgeschwindigkeit und -intensität sind ggf. Maßnahmen zum Erhalt der Standsicherheit erforderlich. Bis zu einer Windgeschwindigkeit von 12,5 m/s ergeben sich keinerlei Einschränkungen beim Leiterbetrieb (Normforderung).

Bis zu einer Windgeschwindigkeit von 12,5 m/s (entspricht ca. 45 km/h oder ca. 6 Beaufort) ergeben sich beim Leiterbetrieb keinerlei Einschränkungen. Diese Windgeschwindigkeit kann beispielsweise mit Hilfe der Beobachtung folgender Auswirkungen des Windes eingeschätzt werden:

- **Kleine Laubbäume beginnen zu schwanken,**
- **starke Äste schwanken.**

(Aufzählung der Kriterien nach Angaben des Deutschen Wetterdienstes – DWD)

Reduzierung der Ausfahrlänge des Leitersatzes bei starkem Wind

Bei Einwirkung von Wind oder Windböen mit einer Windgeschwindigkeit von mehr als 12,5 m/s auf den Leitersatz während des Einsatzes sind folgende Sicherungsmaßnahmen einzuleiten:

Bei Windgeschwindigkeiten von mehr als 12,5 m/s sind zum Schutz der Einsatzkräfte und der Drehleiter gegen Beschädigungen folgende Sicherheitsvorkehrungen durchzuführen:

- **Ausfahren der Abstützungen auf beiden Fahrzeugseiten auf maximale Länge**
- **Aufstellung der Drehleiter auf möglichst gerader Standfläche mit einer Neigung von < 7°**
- **Reduzierung der Ausfahrlänge (Reichweite) des Leitersatzes**
- **Einsatz von Halteleinen auf beiden Seiten des Leitersatzes**

Generell sind hierzu die Vorgaben der Hersteller in den jeweiligen Bedienungsanleitungen zu beachten!

Den effektivsten Schutz vor der Gefährdung der Standsicherheit bei starkem Wind stellt die Reduzierung der Ausfahrlänge des Leitersatzes auf das unbedingt erforderliche Maß dar.

Darüber hinaus ist bei entsprechend widrigen Wetterverhältnissen zu prüfen, ob der entsprechende Einsatz tatsächlich zeitkritisch ist oder ob die Abarbeitung des Einsatzauftrages ggf. verschoben werden und die Einsatzstelle bis dahin durch die Errichtung einer Absperrung ausreichend abgesichert werden kann.

Bei starkem Wind (Windgeschwindigkeiten von mehr als 12,5 m/s) ist zu prüfen, ob anstelle eines Drehleitereinsatzes eine Ersatzmaßnahme vorgenommen werden kann. Dies kann beispielsweise auch die Sperrung bzw. Absicherung einer Gefahrenstelle sein.

Ein Einsatz der Drehleiter im Rahmen eines Brandeinsatzes wird in der Regel immer unter zeitkritischen Gesichtspunkten verlaufen.

In solchen Fällen muss der Einsatz unter den vorgegebenen Bedingungen an der Einsatzstelle unverzüglich abgearbeitet werden, die Windverhältnisse können nur in geringem Maße oder überhaupt nicht berücksichtigt werden. Auch der Einsatz von Halteleinen im Rahmen einer zeitkritischen Menschenrettung bei einem Brandeinsatz wird in der Praxis nicht durchführbar sein.

Reduzierung der Leiterlänge nach Abschluss der Menschenrettung

Allerdings kann die Verweildauer des Leitersatzes in kritischen Bereichen in Bezug auf Ausfahrlänge und Aufrichtwinkel auf das erforderliche Mindestmaß begrenzt werden. So kann beispielsweise der Leitersatz nach Durchführung einer Menschenrettung eingezogen werden (Anleiterbereitschaft bei laufendem Fahrzeugmotor).

2.4 Einsatzgrundsätze beim Löscheinsatz

Wird die Drehleiter im Rahmen eines Brandeinsatzes für die Brandbekämpfung eingesetzt, besteht die Wahl zwischen

- Einsatz des Wenderohres (Wasserwerfer) am Korb
- Einsatz eines handgeführten C-Strahlrohres aus dem Korb heraus

- Einsatz eines Schaumrohres (Schwerschaum- o. Mittelschaumrohr) in Verbindung mit dem Wenderohr
- Einsatz eines Schaumgenerators über den Rettungskorb bzw. Leitersatz der Drehleiter (siehe auch Kapitel 3.1.5)

Beim Einsatz dieser Löschgeräte wird der Leitersatz zusätzlich zu den auftretenden Lastmomenten (Korblast, Leiterbewegungen) durch das Gewicht der auf dem Leitersatz verlegten Schlauchleitung (B- oder C-Schlauch) belastet.

Reduzierung der Ausladung bei Einsatz eines Wenderohres oder C-Rohres

Eine auf dem Leitersatz verlegte B-Schlauchleitung (35m-B-Schlauch) einschließlich des Gewichtes der Zugentlastung lastet mit einer Masse von bis zu 200 kg auf dem Leitersatz. Dieses Gewicht hat eine Reduzierung der maximal möglichen Ausladung zur Folge. Darüber hinaus wirken die Reaktionskräfte des Löschwasserstrahles von Wenderohr bzw. C-Strahlrohr auf den gesamten Hubrettungssatz ein.

Sowohl bei Einsatz des am Rettungskorb montierten Wenderohres als auch eines handgeführten C-Strahlrohres aus dem Rettungskorb heraus sind einige wesentliche Sicherheitsregeln einzuhalten.

Einsatz des Wenderohres (Wasserwerfer)

Bei Wasserabgabe über das Wenderohr sind Ausfahrlänge und Aufrichtwinkel des Leitersatzes zu reduzieren. Generell ist die Ausfahrlänge auf das unbedingt notwendige Maß zu beschränken, um die Rückstoßkräfte des Wenderohres bzw. des Strahlrohres zu kompensieren. Hier sind die Vorgaben des Herstellers für das jeweilige Fahrzeug zu beachten.

Beim Ausfahren der Leiter mit im Leitersatz verlegter leerer Löschwasserleitung ist die 2-Personen-Freistandsgrenze vorzuwählen, wenn eine Einsatzkraft im Rettungskorb das Wenderohr bedient. Bei zwei Einsatzkräften ist die 3-Personen-Freistandsgrenze vorzuwählen.

Der Ausgangsdruck der speisenden Feuerlöschkreiselpumpe ist auf den in der Bedienungsanleitung vorgegebenen Eingangsdruck am Wenderohr zu begrenzen. Dabei ist die Höhe des Rettungskorbes und damit des Wenderohres über Grund zu berücksichtigen.

Sicherheitsabstände nach VDE 0132

Bei Einsatz von handgeführten C-Strahlrohren sind die Sicherheitsabstände (Strahlrohrabstände) nach VDE 0132 zu beachten! Generell ist dem Sprühstrahl gegenüber dem Vollstrahl der Vorzug zu geben. Die Strahlrohrabstände nach VDE 0132 gelten nur für C-Mehrzweckstrahlrohre mit aufgesetztem Mundstück bei einem Durchfluss von 100 l/min bei einem Eingangsdruck am Strahlrohr von 5 bar[9]. Bei Einsatz des Wenderohrs im Gefahrenbereich elektrischer Anlagen ist der Sicherheitsabstand entsprechend zu vergrößern.

Tabelle 1: Strahlrohrabstände nach DIN VDE 0132 für genormtes C-Mehrzweckstrahlrohr mit aufgesetztem Mundstück bei einem Durchfluss von 100 l/min und einem Eingangsdruck von 5 bar.

Spannungsgröße	Spannungsart	Strahlform	Mindestabstand in Meter
Bis 1.000 V ~ / 1.500 V =	Niederspannung	Sprühstrahl	1 m
Bis 1.000 V ~ / 1.500 V =	Niederspannung	Vollstrahl	5 m
>1.000 V ~ / 1.500 V =	Hochspannung	Sprühstrahl	5 m
>1.000 V ~ / 1.500 V =	Hochspannung	Vollstrahl	10 m

Sicherheitsmaßnahmen bei Wenderohreinsatz:

- Ausfahrlänge und Aufrichtwinkel des Leitersatzes reduzieren (siehe Angaben Bedienungsanleitung!)
- Ausladung des Leitersatzes innerhalb der 2-Personen-Freistandsgrenze (1 Einsatzkraft im Korb) bzw. 3-Personen-Freistandsgrenze (2 Einsatzkräfte im Korb) halten.
- Maximaler seitlicher Drehbereich des Wenderohres 30° nach beiden Seiten des Leitersatzes.
- Maximal zulässigen Eingangsdruck am Wenderohr beachten (siehe Angaben Bedienungsanleitung!)
- Strahlrohrabstände nach VDE 0132 beachten!
- Kein Einsatz von Wenderohren (Wasserwerfern) oder Schaumrohren in Kombination mit Wenderohren im Bereich von spannungsführenden elektrischer Anlagen!
- Kein Einsatz von Schaumgeneratoren über den Leitersatz im Bereich von spannungsführenden elektrischen Anlagen!

[9] Die in der DIN VDE 0132 vorgegebenen Strahlrohrabstände gelten auch für das nach DIN VDE 0132 zertifizierte C-Hohlstrahlrohr des Typs Turbospritze der Firma AWG.

2.5 Notbetrieb

Rücknahme der Drehleiter bei Notbetriebsmodus

Im Rahmen des Notbetriebs ist lediglich eine Rücknahme des Leitersatzes in Fahrstellung sowie das Einfahren der Abstützungen möglich. Bei Durchführung des Notbetriebes ist keine Menschenrettung mehr zulässig! Eine Vergrößerung der Ausladung und der Rettungshöhe sowie eine Verringerung des Aufrichtwinkels (und damit eine Vergrößerung der Ausladung) dürfen nicht mehr ausgeführt werden.

Im Notbetriebsmodus sind die Sicherheits- u. Überwachungseinrichtungen der Drehleiter außer Funktion. Bei einer Vergrößerung der Ausladung besteht die Gefahr des Verlustes der Standsicherheit des Fahrzeugs, die Drehleiter kann umstürzen (siehe auch Kapitel 1.4.1)!

Einsatz der Drehleiter im Notbetriebsmodus:

- **Kein weiteres Ausfahren des Leitersatzes**
- **Kein Wegdrehen des Leitersatzes von der Fahrzeuglängsachse**
- **Keine Neigebewegung ohne Einfahren des Leitersatzes**
- **Keine Vergrößerung der Ausladung**
- **Permanente Beobachtung der Betriebszustände am Gradbogen**

2.6 Kranbetrieb

Die Drehleiter kann auch als (Behelfs-)Kran eingesetzt werden. Dazu müssen die Abstützungen auf die maximale Abstützbreite ausgefahren werden.

Für das Anheben von Lasten mit dem Leitersatz der Drehleiter besteht die Wahl zwischen zwei verschiedenen Kranbetrieben:

- ► Kranbetrieb für schwere Lasten (Einhängen der Last an der Lastöse des letzten Leiterteils [Unterleiter])
- ► Kranbetrieb für leichte Lasten (Einhängen der Last an der Spitze des ersten Leiterteils [Oberleiter]).

Kranbetrieb für schwere Lasten (Lastöse letztes Leiterteil)

Schwere Lasten

Im Betriebsmodus Kranbetrieb ist ein Anheben und Versetzen von Lasten bis zu einer Masse von maximal 4.000 kg möglich. Die tatsächliche Nutzlast ist von der Ausladung und dem Aufrichtwinkel des Leitersatzes abhängig. Je größer die Ausladung und je kleiner der Aufrichtwinkel, desto kleiner die mögliche Nutzlast. Wird aus dem Unterflurbereich oder aus der 0°-Position des Leitersatzes heraus eine Last angehoben, ist die maximale Masse der anzuhebenden Last beträchtlich kleiner (unterschiedlich je nach Leiterhersteller).

Für das Anheben von Lasten mittels der Lastöse am letzten auf der Lafette befestigten Leiterteil bestehen grundsätzlich zwei Möglichkeiten:

- Anheben und Ablassen der Last mit dem Leitersatz (Aufrichtzylinder), direkter Anschlag der Last an der Lastöse des letzten Leiterteils (Unterleiter)
- Anheben und Ablassen der Last mit einem Kettenzug, Anschlag der Last am Kettenzug.

Bei Anheben der Last mit einem Kettenzug wird dieser in der Lastöse des letzten Leiterteils eingehängt, das Versetzen der Last erfolgt durch Drehen des Leitersatzes. Die Hubkraft des Kettenzuges muss hierbei auf die Masse der zu hebenden Last abgestimmt sein.

Beim Anheben einer Last aus dem Unterflurbereich der Drehleiter und Anschlag der Last an der Lastöse des letzten Leiterteils ist zu beachten, dass sich beim Durchfahren der 0°-Position mit dem Leitersatz die Ausladung kurzzeitig vergrößert. Bei Anheben einer Last im Grenzbereich besteht das Risiko der automatischen Abschaltung des Hubvorganges. In diesem Fall kann die Last entweder nur noch abgelassen oder durch Unterbau gesichert werden.

Nach neuer Positionierung des Fahrzeugs näher an der zu hebenden Last besteht die Möglichkeit, diese mit Hilfe eines geeigneten Kettenzuges anzuheben.

Bei der Durchführung beider Hebevarianten sind ausreichend dimensionierte Anschlagmittel einzusetzen; die Anschlagmittel (z.B. Endlosschlingen, Ketten oder Drahtseile) müssen die auf die zu hebende Last abgestimmt sein und die beim Hubvorgang auftretenden Kräfte aufnehmen können.

Die zu versetzenden Lasten sollten mittels zweier Führungsleinen gegen Pendeln gesichert werden.

■ Kranbetrieb für leichte Lasten (Lastöse erstes Leiterteil)

Leichte Lasten

Leichtere Lasten können mit Hilfe der Lastöse am ersten Leiterteil an der Leiterspitze angehoben und versetzt werden. Je nach Ausführung der Drehleiter können so Lasten mit einer Masse von bis zu maximal 600 kg angehoben und versetzt werden (bei einer Drehleiter mit 5-Personen-Rettungskorb und Abnahme des Rettungskorbes von der Leiterspitze). Bei Anheben und Versetzen von Lasten mit der Lastöse am ersten Leiterteil sollte der Rettungskorb von der Leiterspitze abgenommen werden. Hierdurch steht das durch die Masse des Rettungskorbes bedingte Lastmoment zusätzlich für das Heben der Last zur Verfügung. Die Ausladung des Leitersatzes muss sich innerhalb der Benutzungsgrenze der maximal möglichen Personen-Zuladung im Rettungskorb befinden (z.B. innerhalb des 3-Personen-Benutzungsfeldes bei Rettungskorb für drei Personen). Die zu versetzenden Lasten sollten mittels zweier Führungsleinen gegen Pendeln gesichert werden.

Beim Anheben von Lasten mit der Lastöse an der Leiterspitze sind ausreichend dimensionierte Anschlagmittel einzusetzen. Die Anschlagmittel (z.B. Endlosschlingen) müssen die beim Hubvorgang auftretenden Kräfte aufnehmen können.

Im Rahmen des Kranbetriebes sind folgende Punkte zu beachten:

- **Maximale Abstützbreite wählen**
- **Fahrzeugpositionierung so nahe wie möglich an der zu hebenden Last**
- **Einhaltung der Vorgaben des Herstellers in der Bedienungsanleitung zum jeweiligen Fahrzeug**
- **Maximale Nutzlast 4.000 kg bei Benutzung der Lastöse an der Unterleiter (letztes Leiterteil)**
- **Maximale Nutzlast bei Benutzung der Lastöse am ersten Leiterteil (Oberleiter) ⇨ Zuladung des Rettungskorbes + Masse des von der Leiterspitze abgenommenen Rettungskorbes**

- Gehobene und bewegte Last mittels Führungsleinen gegen Pendeln sichern
- Benutzung von ausreichend dimensionierten Anschlagmitteln

2.7 Positionierung und Einweisung der Drehleiter an der Einsatzstelle mit Hilfe der „HAUS-Regel"

HAUS-Regel

Die richtige und schnelle Positionierung und Einweisung einer Drehleiter an der Einsatzstelle unter Zeitdruck (z.B. Menschenrettung bei Brandeinsatz) und schwierigen Umgebungsbedingungen (z.B. Dunkelheit, Regen, etc.) stellt eine große Herausforderung für alle beteiligten Einsatzkräfte dar. Als Hilfsmittel und Unterstützung der Einsatzkräfte für diese schwierige Aufgabe hat sich die sogenannte **„HAUS-Regel"**[10] etabliert. Diese Merkregel soll Maschinisten und Einheitsführern die Einweisung und Aufstellung von Hubrettungsfahrzeugen insbesondere unter Zeitdruck und innerhalb komplexer Rahmenbedingungen erleichtern. Sie fasst die relevanten Faktoren zusammen, die für einen sicheren, schnellen und effizienten Einsatz der Drehleiter zu beachten sind. Somit stellt die „HAUS-Regel" eine Art „Checkliste" dar, mit deren Hilfe die Umgebungsbedingungen an der Einsatzstelle, welche sich auf die Wahl der Aufstellfläche für die Drehleiter auswirken können, von den Einsatzkräften schnell erkannt und bewertet werden können. Die Abkürzung **„HAUS"** steht für die Begriffe **Hindernisse** – **Abstände** – **Untergrund** – **Sicherheit**

Abb. 24: Die Kriterien der „HAUS-Regel" am praktischen Einsatzbeispiel.

und umschreibt die wesentlichen Kriterien für die Aufstellung und den Einsatz der Drehleiter an der Einsatzstelle, die von dem für die Einweisung verantwortlichen Einheitsführer

[10] Jan Ole Unger, Nils Beneke, 2005; www.drehleiter.info

beachtet werden müssen. Diese Kriterien sollen nachfolgend anhand einiger praktischer Beispiele beschrieben werden.

2.7.1 Hindernisse

Hindernisse beim Drehleitereinsatz

Hindernisse im Bereich der Aufstell- u. Bewegungsfläche der Drehleiter und des Leitersatzes haben einen erheblichen Einfluss auf die Positionierung des Fahrzeuges und auf den Einsatzverlauf. Bei der Wahl der Aufstellfläche ist der Bereich des vorgesehenen Standplatzes zunächst auf Hindernisse hin zu überprüfen, die den Drehleitereinsatz einschränken oder behindern können. Die Art der möglichen Hindernisse an der Einsatzstelle sind vielfältig und können sich dabei auf folgende Drehleiterfunktionen auswirken:

- Ausfahrbereich der Abstützungen auf beiden Fahrzeugseiten
- Drehbereich des Drehgestells mit Lafette auf der der Anleiterstelle abgewandten Fahrzeugseite
- Bewegungsbereich des Leitersatzes (Drehen, Ausfahren, Aufrichten/Neigen des Leitersatzes)

Hindernisse können somit negativen Einfluss auf folgende Tätigkeiten bei der Drehleiterbedienung haben:

- Ausfahren und Absenken der Abstützungen auf beiden Seiten des Fahrzeugs
- Aufrichten, Neigen, Drehen und Ausfahren des Leitersatzes

Darum ist auf Hindernisse an beiden Längsseiten des Fahrzeugs und im Luftraum über dem Fahrzeug zu achten. Beispiele für mögliche Hindernisse sind:

- geparkte Fahrzeuge (z.B. Vans, Kleinbusse, SUVs, LKWs, etc.)
- Ampelmasten und –brücken
- Straßenbeleuchtungsmasten
- Verkehrsschilder
- hängende Straßenbeleuchtung über der Fahrbahn
- Gebäude oder Gebäudeteile im Bewegungsbereich des Leitersatzes
- Straßenbahnoberleitung und andere spannungsführende Leitungen (z.B. Dachständer- oder Giebeleinspeisung in Wohngebäuden)
- Bäume und große Büsche

Abb. 25a bis e: Beispiele für Hindernisse im Bereich der Abstützungen, des Drehbereiches des Drehgestells mit Lafette und des Leitersatzes.

- Verkehrspoller und Pflanzungen in verkehrsberuhigten Bereichen
- Werbetransparente und Leuchtreklameschilder
- Hochspannungsleitungen
- Hohe Mauern im Drehbereich des Drehgestells mit Lafette.

Abb. 26: Hindernisse im Bereich der Abstützungen (geparkte Fahrzeuge) und des Überstandes des Drehgestells (Hauswand) sowie im Aufrichtbereich des Leitersatzes (hängende Straßenbeleuchtung).

Die aufgeführten Hindernisse können das Abstützen des Fahrzeuges sowie das Drehen und Aufrichten bzw. Neigen des Leitersatzes behindern oder gänzlich unmöglich machen. Daher muss bei der Wahl der Aufstellfläche diesen Hindernissen ausgewichen werden, soweit dies in Hinsicht auf die Einsatzsituation und den vor Ort gegebenen Platzverhältnissen möglich ist.

Besonderes Augenmerk ist dabei dem Drehbereich des Drehgestells zu widmen. Hier muss der Überstand des Drehgestells mit Lafette über die Fahrzeugkontur bzw. die ausgefahrenen Abstützungen auf der dem Einsatzobjekt abgewandten Fahrzeugseite beachtet werden.

Der hierfür notwendige Freiraum von ca. 2,00 m kann durch parkende Fahrzeuge wie beispielsweise Kleinbusse und LKWs eingeschränkt sein. In sehr engen Straßen (z.B. Innenstadtbebauung, Altstadt, etc.) können auch die Mauern der gegenüberliegenden Gebäude oder Grundstückbegrenzungsmauern ein Drehen des Hubrettungssatzes zum Einsatzobjekt hin verhindern.

In diesen Fällen muss die Positionierung der Drehleiter auf diese Hindernisse abgestimmt werden, wofür zwei Varianten möglich sind:

- Positionierung des Fahrzeugs näher am Einsatzobjekt → minimale Abstützbreite zum Einsatzobjekt hin (Fahrzeugkonturabstützung), um den notwendigen Freiraum für den Überstand des Drehgestells sicherzustellen (nur möglich, wenn eine geringe Ausladung des Leitersatzes erforderlich ist)
- Positionierung des Fahrzeugs an dem in Fahrtrichtung unmittelbar vorgelagerten Gebäude neben dem Einsatzobjekt → **Anleitern über das Fahrerhaus** (*siehe auch Kapitel 4*)

Hindernisse ⇨ auf beide Seiten des Fahrzeuges und nach oben schauen!

2.7.2 Abstände

Relevante Abstände beim Drehleitereinsatz

Um im Einsatzfall die Positionierung der Drehleiter auf der Standfläche zügig durchführen zu können, müssen den Einsatzkräften (Maschinist, Einheitsführer) im Vorfeld die Abmessungen bzw. notwendigen Abstände des verfügbaren Drehleitertyps bekannt sein. Für einen erfolgreichen und reibungslos verlaufenden Einsatz der Drehleiter an der Einsatzstelle ist eine Reihe von Abständen relevant und sollte beachtet werden. Einerseits ergeben sich diese Abstände aus den Abmessungen des vorhandenen Fahrzeuges, andererseits durch den notwendigen Platzbedarf an der Einsatzstelle, um einen uneingeschränkten Einsatz der Drehleiter zu gewährleisten. Folgende Abstandswerte sind beim Einsatz der Drehleiter relevant:

- **Ausfahrlänge** (in Metern) der Abstützungen bei **maximaler Abstützbreite** (Abstand Fahrzeugaußenkante Außenkante Bodendruckplatte)
- Länge (in Metern) des eingefahrenen Leitersatzes (Abstand Drehkranzmitte ↔ Außenkante Rettungskorb) bei 90° zur Fahrzeuglängsachse gedrehtem Leitersatz und Aufrichtwinkel von 0° ⇨ **minimale Rettungshöhe** und **Einfahren des Leitersatzes/ Rettungskorbes in Gebäude hinein**
- Abstand (in Metern) Drehkranzmitte ↔ Einsatzobjekt bei maximal aufgerichtetem und ausgefahrenem Leitersatz ⇨ **maximale Rettungshöhe**
- Länge (in Metern) des **Überstandes des Drehgestells** auf der dem Einsatzobjekt abgewandten Fahrzeugseite zwischen Fahrzeugaußenkante und Leitersatzbasis sowie der Abstand zwischen Standfläche und Leitersatzbasis bei aufgerichtetem Leitersatz (bei einem Aufrichtwinkel von 75°).
- **Länge des über das Fahrzeugheck abgesenkten Leitersatzes**, gemessen zwischen Fahrzeugaußenkante am Heck und dem Lot der vorderen Korbaußenkante über der Standfläche = notwendiger Abstand zu nachfolgenden Fahrzeugen, um Leitersatz hinter dem Fahrzeug absenken zu können, z.B. um Personen sicher aus dem Rettungskorb aussteigen zu lassen

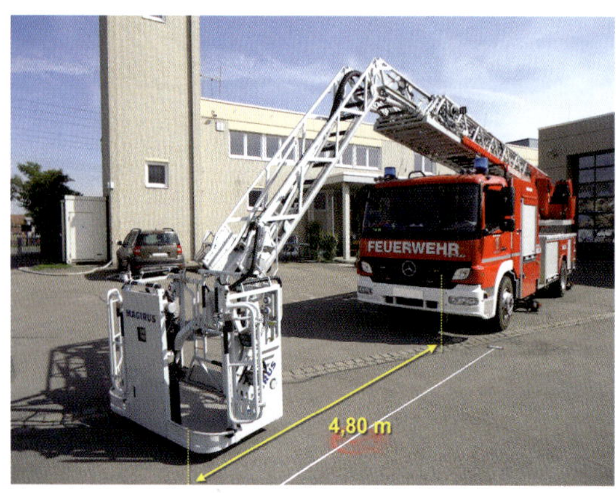

Abb. 27: Erforderlicher Abstand vor der Drehleiter zum Ablegen des Rettungskorbes vor dem Fahrerhaus am Beispiel einer Magirus-Drehleiter M 32 L-AS mit Gelenkarm. Beim Abknicken bzw. Strecken des Gelenkteils wird geringfügig größerer Abstand benötigt.

Abb. 28: Einfahren des Leitersatzes in eine Halle (z.B. als Anschlagpunkt für Flaschenzugsystem bei Schachtrettung innerhalb der Halle). Hier ist der Abstand für minimale Rettungshöhe erforderlich.

- **Bei Drehleitern mit Gelenkarm: Abstand Vorderkante Fahrerhaus ↔ Vorderkante des nach vorne vor dem Fahrerhaus abgesenkten Rettungskorbes** = notwendiger Abstand zum vorausfahrenden Fahrzeug, um den Rettungskorb vor dem Fahrzeug absenken zu können, z.B. um Personen sicher aus dem Rettungskorb aussteigen zu lassen.

Die vorstehend aufgeführten Abstände und Abmessungen können den jeweiligen Bedienungsanleitungen entnommen werden bzw. sind am verfügbaren Fahrzeugtyp auszumessen.

Drehkranzmitte als Referenzpunkt für die Abstandsmessung[11]

Drehkranzmitte als Referenzpunkt am Fahrzeug

Eine universelle und praktikable Möglichkeit der Messung dieser einsatzrelevanten Abstände ist die Messung zwischen Gebäudekante bzw. dem Lot der Außenkante des Rettungskorbes über der Standfläche und der Drehkranzmitte (Mitte des Drehgestells).

Der große Vorteil der Verwendung der Drehkranzmitte als Referenzpunkt für die Abstandsmessung liegt darin, dass es hierbei keine Rolle

[11] Siehe auch „HAUS-Regel“, Ausgabe 7 03/2015; Jan Ole Unger, Nils Beneke, Drehleiter.info

Abb. 29: Abstandswert für die minimale Rettungshöhe (z.B. Rettung mittels Krankentragenlagerung aus dem 1. OG).

spielt, in welche Richtung das Fahrgestell der Drehleiter in Bezug auf das Einsatzobjekt ausgerichtet ist. Dies ist insbesondere dann von Relevanz, wenn beispielsweise das Einsatzobjekt rückwärts angefahren werden muss (*siehe auch Kapitel 4*) oder wenn die Drehleiter an einer Gebäudeecke positioniert wird, um zwei Gebäudefronten mit dem Leitersatz abdecken zu können.

Tipp: Messung der notwendigen Abstände zum Einsatzobjekt von der Drehkranzmitte aus erleichtert die Positionierung der Drehleiter insbesondere bei seitlich versetztem und schräg am Einsatzobjekt positioniertem Fahrzeug für

- minimale Rettungshöhe
- maximale Rettungshöhe
- Anleitern von zwei Gebäudefronten über eine Gebäudeecke

Abb. 30: Abstandswert für die maximale Rettungshöhe. Bei entsprechender Positionierung der Drehleiter kann bei idealen Voraussetzungen maximal das 11. OG erreicht werden. Generell möglich ist bei diesem Abstand die Erreichung des 10. OG.

Um im Einsatzfall schnell die erforderlichen Abstandswerte verfügbar zu haben, können die gemessenen Abstands – u. Abmessungswerte im Vorfeld mit der eigenen Schrittlänge abgeschritten werden. So sind sie an der Einsatzstelle ohne Hilfsmittel jederzeit unter allen denkbaren Umgebungsbedingungen schnell verfügbar.

Die Abstände für den Platzbedarf der ausgefahrenen Abstützungen und den Überstand des Drehgestells mit Lafette auf der dem Einsatzobjekt abgewandten Fahrzeugseite lassen sich an der Einsatzstelle schnell mit Hilfe der Arme ermitteln:

Beide Arme ausgestreckt zwischen Hindernis und Fahrzeugkante = ausreichender Abstand für ausgefahrene Abstützung und Überstand des Drehgestells mit Lafette über die Fahrzeugkante.

Zusätzlich können natürlich auch technische Hilfsmittel für die Entfernungsermittlung wie beispielsweise Laserentfernungsmesser mit Zieloptik und Okular verwendet werden. Der Nachteil dieser Hilfsmittel ist die ggf. nicht permanent sichergestellte Verfügbarkeit (z.B. leere Batterien etc.). Die Körpermaße als Hilfsmittel sind hingegen permanent verfügbar.

Abstandswerte beim Drehleitereinsatz

Für einen uneingeschränkten Einsatz der Drehleiter an der Einsatzstelle ist eine Reihe von Abständen einzuhalten, welche in der folgenden Tabelle unter Berücksichtigung der Empfehlungen für die Werte aus der „HAUS-Regel“ zusammengestellt sind. Sie gelten für alle Drehleitertypen der 30m-Klasse und stellen Allgemeinwerte dar, die für alle Baujahre und Typen von Drehleitern anwendbar sind. Die genauen Werte der am eigenen Standort vorhandenen Drehleiter können durch Ausmessen ermittelt und für den eigenen Gebrauch in einer Tabelle zusammengefasst werden.

Abstände ⇨ abmessen oder abschreiten der notwendigen Abstände

Tabelle 2: Zusammenfassung der notwendigen Abstandswerte im Drehleitereinsatz.

Art des Abstandes	Abstand in Metern
Ausfahrlänge der Abstützung (seitlicher Platzbedarf der Abstützung beidseits der Drehleiter)	**1,5 m** (gemessen zwischen Fahrzeugaußenkante und seitlichem Hindernis)
Seitlicher Überstand des Drehgestells mit Lafette	**2 m** (gemessen zwischen Fahrzeugaußenkante und seitlichem Hindernis)
Abstand Drehleiter ↔ Gebäudekante für **maximale Rettungshöhe**	**7 m** (gemessen zwischen Drehkranzmitte Drehleiter und Gebäudekante)
Abstand Drehleiter ↔ Gebäudekante für **minimale Rettungshöhe**	**9 m** (gemessen zwischen Drehkranzmitte Drehleiter und Gebäudekante)
Freizuhaltender **Bereich hinter der Drehleiter** (Platzbedarf zum Ablegen es Leitersatzes hinter dem Fahrzeug)	**10 m** (gemessen ab Außenkante Fahrzeugheck)
Freizuhaltender **Bereich vor der Drehleiter** (Platzbedarf zum Absenken des Rettungskorbes vor dem Fahrzeug bei Fahrzeugen mit Gelenkarm sowie Platzbedarf zur evtl. Entnahme tragbarer Leitern von HLF vor der Drehleiter)	**≥ 7 m** (gemessen ab Außenkante Fahrzeugfront)
Höhe des seitlichen Überstandes des Drehgestells → notwendiger Freiraum zum Überfahren von Hindernissen mit dem Drehgestell bei engen Platzverhältnissen	**≥ 1,60 m** (gemessen zwischen Boden und der Unterkante des Drehgestells)

Abb. 31: notwendiger Freiraum unter dem seitlichen Überhang des Drehgestells (zwischen Erdboden und Unterkante Drehgestell). Anders als auf der Abbildung ist dieser Abstand beim evtl. notwendigen Überfahren eines Hindernisses erforderlich (siehe auch Abbildungen 25 ff). Der Abstandswert von 2,00 m gilt für den Platzbedarf des seitlichen Überhanges des Drehgestells.

Abb. 32: Zusammenfassung der wichtigsten Abstandswerte aus Tabelle 2

2.7.3 Untergrund

Um einen sicheren Stand der Drehleiter zu gewährleisten, muss der Untergrund unter den Druckplatten der Abstützungen in der Lage sein, die über diese Kontaktstellen eingeleiteten Kräfte aufzunehmen. Die auftretenden Bodendrücke an den Bodendruckplatten der Abstützungen dürfen nach Norm einen maximalen Wert von 80 N/cm^2 erreichen, werden in der Praxis allerdings darunter liegen.

Die höchste Kraftübertragung an den Bodendruckplatten tritt nicht beim Abstützvorgang auf, sondern während des Leiterbetriebs bei der maximalen Korbzuladung bei maximaler Ausladung!

Auf normal befestigen Straßen wie innerörtlichen Straßen sowie Bundes- u. Landstraßen stellt die Abstützung in der Regel kein Problem dar.

Feuerwehrzufahrten nach DIN 14090

Gleiches gilt für Feuerwehrzufahrten und Aufstell- u. Bewegungsflächen für die Feuerwehr nach DIN 14090, welche eine Tragkraft von 16 t (zulässige Gesamtlast) bzw. von 10 t (Achslast) aufweisen müssen. Diese sind über gekennzeichnete Feuerwehrzufahrten erreichbar.

Beim Befahren von Feuerwehrzufahrten ist darauf zu achten, dass sich alle Räder beider Achsen auf der befestigten Fläche befinden und

Abb. 33: Tragfähigkeitswerte für Feuerwehrzufahrten und Feuerwehraufstellflächen nach DIN 14090.

Abb. 34: Feuerwehrzufahrt mit beidseits aufgeweichtem Untergrund. Hier muss unbedingt innerhalb der befestigten Aufstellfläche bzw. Feuerwehrzufahrt abgestützt werden (siehe auch Abb. 22 und 29).

die Drehleiter während der Anfahrt nicht seitlich dieser tragfähigen Feuerwehrzufahrt in die Grünfläche gefahren wird. Hier besteht insbesondere bei durchweichten Böden (z.B. wasserdurchtränkte Rasenfläche nach tagelangem Regen) die Gefahr des Einsinkens des Fahrzeuges mit den Rädern beider Achsen einer Fahrzeugseite. Dadurch wäre die Feuerwehrzufahrt blockiert und für weitere Fahrzeuge nicht mehr passierbar. Bei der Aufstellung der Drehleiter auf einer Feuerwehrfläche müssen die belasteten Abstützungen auf der dem Einsatzobjekt zugewandten Fahrzeugseite ebenfalls auf der befestigten Fläche abgesenkt werden. Wird das Fahrzeug so positioniert, dass diese stark belasteten Abstützungen auf der nicht befestigten Fläche neben der Feuerwehrfläche abgesenkt werden, besteht bei deren Belastung die Gefahr des Umstürzens der Drehleiter.

Tragfähigkeit des Untergrundes

Daher muss vor der Aufstellung der Drehleiter die Tragfähigkeit des Untergrundes abgeschätzt werden. Ist bei einer Feuerwehrzufahrt die befestigte Fläche nicht erkennbar (z.B. dicke Grasnarbe über der Befestigung, fehlende Seitenmarkierungen der Zufahrt), so kann eine schnelle Prüfung des Untergrundes mit Hilfsmitteln erfolgen, z.B. Aufreißen der Grasnarbe mit der Stiefelspitze oder Test der Untergrundbeschaffenheit mit einem Spaten oder einer Feuerwehraxt.

Abb. 35: Prüfen der Beschaffenheit des Untergrundes mittels Feuerwehraxt.

Kann der Untergrund den auftretenden Bodendruckkräften nicht standhalten, ist ein Umstürzen der Drehleiter die mögliche Folge. Hiergegen kann keine der installierten Sicherheitseinrichtungen schützen.

Bestehen Zweifel an der Tragfähigkeit des Untergrundes der Aufstellfäche, sind unter die Abstützungen der belasteten Fahrzeugseite Unterlegplatten und ggf. die Auffahrbohlen unter die Räder unterzulegen. Ein Unterlegen der Auffahrbohlen unter die Bodendruckplatten der Abstützungen ist durch die Hersteller verboten, da diese den auftretenden Belastungen an den Kontaktflächen mit den Bodendruckplatten nicht standhalten[12].

[12] Seit März 2017 schreibt eine Neufassung der DIN 14854 für Auffahrbohlen eine mögliche Belastung von 6.000 kg vor.

Auf folgenden Untergründen sollte beispielsweise keine Aufstellung bzw. Abstützung einer Drehleiter erfolgen:

- auf Schachtdeckeln (Kanalisationsschächte, Regeneinlaufschächte, Kabelschächte, etc.)
- in unmittelbarer Nähe von Böschungsrändern oder Grabenrändern
- auf Regendurchlässen in Straßengräben
- auf durchweichenden oder durchweichten Standflächen (z.B. durch Regen, Löschwasser)
- auf gering verdichtetem Untergrund (Sandboden, Ackerboden, unbefestigte Grasnarbe, etc.)
- auf gepflasterten Gehwegen.

Auf Brücken müssen die Bodendruckplatten immer im Bereich der Fahrbahn abgesenkt werden. Eine Abstützung auf dem Gehwegbereich von Brücken ist aufgrund der möglicherweise mangelnden Tragfähigkeit zu vermeiden.

Im Bereich von Böschungen (natürliche oder künstlich angelegte) und Tiefbaustellen mit Verbau (z.B. Kanalbaustellen) ist ein Mindestabstand von 2,00 Metern zum Böschungsrand bzw. Grabenrand einzuhalten[13].

Im Bereich von Schächten (z.B. Kanalisation, Kabelschächte, Kanaleinläufen, etc.) ist ein Absenken der Abstützungen nur mit einem Mindestabstand von 0,5 m durchzuführen. Hier stellt weniger der Schachtdeckel an sich als vielmehr der darunterliegende Schachtring das Problem dar. Dieser kann infolge Witterungseinflüssen, Einflüssen von Streusalz im Winter sowie der ständigen Belastung massiv an Festigkeit verlieren. Beim Abstützen auf dem Schachtdeckel und Einleiten des Bodendrucks in die Schachtkonstruktion besteht die Gefahr des Berstens und Zerbrechens des Schachtringes. Die Folge wäre ein Einbrechen der Abstützung im Bereich des Schachtes und ggf. ein Verlust der Standsicherheit.

Befindet sich eine Tiefgarage im Bereich der Feuerwehrzufahrt oder unter der Zufahrt, so ist die Drehleiter nur im Bereich der markierten

---

[13] Für Fahrzeuge mit einem zulässigen Gesamtgewicht von mehr als 12.000 kg (zul. Gesamtgewicht für Drehleitern nach DIN EN 14043 beträgt 16.000 kg) gilt für den Mindestabstand ein Faustwert von 2 m, siehe auch „Der Erdbaumaschinenführer", Resch-Verlag. Näheres regelt die DIN 4124 „Baugruben und Gräben – Böschungen, Verbau, Arbeitsraumbreiten".

Abb. 36: Mindestabstand zu Böschungen, Gräben und Baugruben mit seitlichem Verbau.

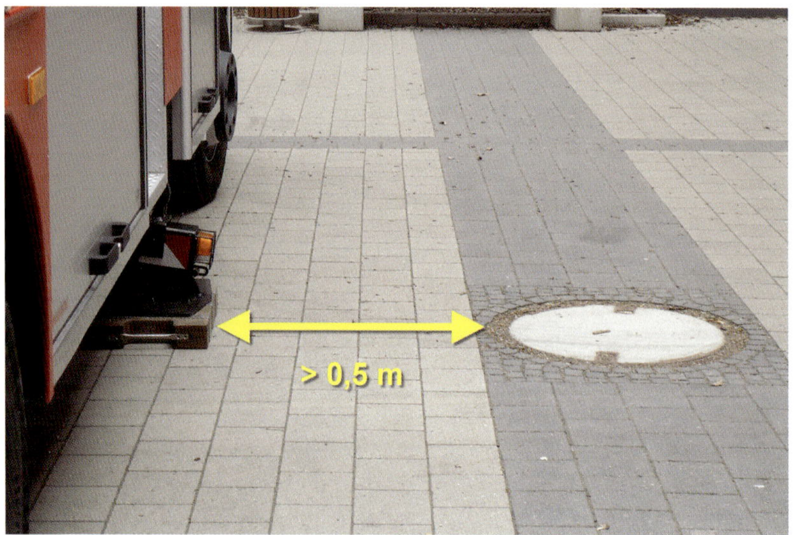

Abb. 37: Mindestabstand der Bodendruckplatte von einem Schachtdeckel (Gullydeckel, Kanalisationsschachtdeckel, etc.).

Zufahrt zu bewegen[14]. Beim Verlassen der markierten Fahrspur besteht möglicherweise Einbruchgefahr für das Fahrzeug.

[14] Im Bereich der markierten Feuerwehrzufahrt muss die Deckenkonstruktion der Tiefgarage einem zulässigen Gesamtgewicht von 16 t und einer Achslast von 10 t standhalten können.

■ Oberflächenbeschaffenheit des Untergrundes

Fahrzeugaufstellung auf glatten Untergründen

Eine wesentliche Voraussetzung für die Standsicherheit der Drehleiter ist eine ausreichende Reibung zwischen Fahrzeug und geneigter Standfläche. Diese wird überwiegend durch den Kontakt zwischen den Bodendruckplatten und der Standfläche sichergestellt. Bei der Magirus-Drehleiter verbleiben zusätzlich die Reifen beider Fahrzeugachsen auf der Standfläche, was die Reibung zwischen Standfläche und Fahrzeug vergrößert. Um auf schrägen Flächen einen sicheren Stand sicherzustellen, müssen zusätzlich die auf der Drehleiter vorhandenen Radkeile unter die auf dem Boden verbleibende(n) Achse(n) gelegt werden. Bei den Metz/Rosenbauer-Drehleitern besteht beim Einsatz auf vereisten Flächen mit einer Neigung von max. 7° die Möglichkeit, Profilschuhe über die Bodendruckplatten zu schieben, welche den Bodenkontakt verbessern sollen (siehe entsprechende Bedienungsanleitung).

Bei starker Vereisung müssen ggfs. geeignete Maßnahmen zur Verbesserung der Eigenschaften der Standfläche ergriffen werden, z.B. Abstreuen der Fläche unter den Abstützungen mit Streusalz und/oder Beseitigung von Schnee und Eis mittels Spaten.

Untergrund ⇨ Prüfung auf erforderliche Tragfähigkeit, ggf. Untersuchung

2.7.4 Sicherheit

Eine wesentliche Rolle bei der Gewährleistung der Sicherheit im Drehleitereinsatz kommt dem Drehleitermaschinisten zu. Er ist für die Sicherheit des Fahrzeuges und seiner Besatzung, der Einsatzkräfte sowie der ggf. beteiligten Fremdpersonen (z.B. zu rettende Personen) verantwortlich. Dafür überwacht er vom Hauptbedienstand aus die Betriebszustände der Drehleiter sowie sämtliche Bewegungen des Hubrettungssatzes (Abstützungen und Leitersatz).

Bei der Durchführung einer Menschenrettung, Brandbekämpfung aus dem Korb und allgemein bei allen Bewegungen des Leitersatzes darf der Drehleitermaschinist den Hauptbedienstand **nicht** verlassen!

Er hat die Bewegungen des Leitersatzes zu beobachten und bei Auftreten von Gefahrensituationen ggf. einzuschreiten. Dies kann beispielsweise durch Betätigung des Not-Aus-Schlagschalters am Hauptbedienstand oder durch die Übernahme der Steuerung des Hubrettungssatzes (Übernahme der Steuerung vom Rettungskorb) erfolgen.

Der Drehleitermaschinist ist für die Sicherheit im Drehleitereinsatz und deren Überwachung verantwortlich. Er überwacht die Bewegungen des Leitersatzes vom Hauptbedienstand aus und darf diesen während des Einsatzes nicht verlassen!

Verantwortlichkeit des Drehleitermaschinisten

Grundsätzlich sind beim Einsatz von Drehleitern für die Durchführung von Menschenrettungen und technischen Hilfeleistungen die geltenden UVV und die Vorgaben der Drehleiterhersteller (Bedienungsanleitung) einzuhalten.

Darüber hinaus sind im Rahmen eines Drehleitereinsatzes die Gefahren der Einsatzstelle zu beachten, wie sie an jeder Einsatzstelle der Feuerwehr auftreten können und denen durch geeignete Sicherheitsmaßnahmen begegnet werden muss. Bei der Positionierung und beim Einsatz der Drehleiter an der Einsatzstelle müssen ggfs. vorliegende Gefahren beispielsweise bei der Wahl der Aufstellfläche mit berücksichtigt werden. Um den sicheren Einsatz der Drehleiter zu gewährleisten, ist daher am Einsatzbeginn die Einsatzstelle auf eventuell bestehende Gefahren hin zu überprüfen. Generell ist beim Einsatz einer Drehleiter mit den gleichen Gefahren zu rechnen, wie sie allgemein an jeder Einsatzstelle der Feuerwehr vorzufinden sind.

Bewertung der vorliegenden Gefahren mittels Gefahrenmatrix

Daher kann auch hier die schnelle Einschätzung der an der Einsatzstelle vorliegenden Gefahrenlage mit Hilfe der sogenannten „Gefahrenmatrix“ vorgenommen werden, die an jeder Einsatzstelle der Feuerwehr als Hilfsmittel für das Erkennen von Gefährdungen für die beteiligten Einsatzkräfte, das eingesetzte Gerät und die ggf. betroffenen Personen herangezogen wird.

Tabelle 3: **Gefahrenmatrix mit den Gefahren der Einsatzstelle nach SCHLÄFER, H.,1998 mit Heraushebung der beim Drehleitereinsatz auftretenden Hauptgefahren (gelb).**

Gefahren durch / für	Atemgifte	Angstreaktion	Ausbreitung	Atomare Strahlung	Chemische/ Biologische Stoffe	Erkrankung/ Verletzung	Explosion	Elektrizität	Einsturz/ Absturz
Menschen									
Tiere									
Umwelt		-				-		-	-
Sachwerte	-	-				-			
Mannschaft									
Gerät (Drehleiter)	-	-				-			

Die Gefahrenmatrix erleichtert eine Beurteilung und Einschätzung der an der Einsatzstelle vorliegenden Gefahren. Bei Drehleitereinsätzen können insbesondere Gefahren bestehen durch:

- Angst (z.B. durch betroffene bzw. zu rettende Personen)
- Ausbreitung (z.B. Ausbreitung eines Brandes mit Gefährdung der Drehleiter)
- Atemgifte (z.B. für die Korbbesatzung bei Brandbekämpfung und/oder Menschenrettung bei Brandeinsatz)
- Absturz (Absturz von Einsatzkräften aus dem Rettungskorb heraus bei der Durchführung von Einsatztätigkeiten)
- Einsturz (z.B. Einsturz eines freigebrannten Dachgiebels bei einem Brandeinsatz, Einsturz von Trapezblechfassaden bei Fabrikations- u. Lagerhallen ⇨ Drehleiter im Trümmerschatten)
- Explosion (z.B. Gefährdung der Einsatzkräfte und der Drehleiter durch umherfliegende Trümmerteile bei einem Druckgefäßzerknall beim Brand einer Fabrikationshalle)
- Elektrizität (z.B. Gefährdung des Fahrzeugs und der Besatzung durch Hochspannungsfreileitungen oder Dachständereinspeisungen)

Die schwerwiegenden Gefahren beim Dreheitereinsatz stellen nach Ansicht des Autors die Gefahren durch Elektrizität, Einsturz bzw. Absturz von Bauelementen und Bauteilen sowie durch Angstreaktion (z.B. von zu rettenden Personen aus Lebensgefahr) dar. Eine weitere gewichtige Rolle spielt die Gefahr der Atemgifte für die Drehleiterbesatzung beim Einsatz der Drehleiter zur Menschenrettung und Brandbekämpfung im Rahmen eines Gebäudebrandes. Die vorstehend aufgeführten Hauptgefahren im Drehleitereinsatz sind in der oben abgebildeten Gefahrenmatrix gelb markiert.

Alle anderen von Feuerwehreinsatzstellen her bekannten Gefahren können natürlich vorliegen, spielen allerdings eine eher untergeordnete Rolle an Einsatzstellen, an denen ein Hubrettungsfahrzeug zum Einsatz kommt.

Nachfolgend sollen die Hauptgefahren im Drehleitereinsatz sowie ihre möglichen Einflüsse auf den Einsatzverlauf anhand von Beispielen beschrieben werden.

■ Angstreaktion

Durch panisches Verhalten von zu rettenden Personen kann im Rahmen einer Menschenrettung die Standsicherheit der Drehleiter durch das Einspringen verängstigter Personen in den Rettungskorb mit daraus resultierender Überlastung des Leitersatzes (Rettungskorb an der Benutzungsgrenze) gefährdet werden. Darüber hinaus kann hieraus eine Verletzung der sich im Rettungskorb befindlichen Einsatzkraft bzw. Einsatzkräfte resultieren.

Rettung von Personen

Diese Gefahren bestehen insbesondere bei der Rettung mehrerer Personen von unterschiedlichen Rettungsöffnungen bzw. Anleiterzielen unter hohem Zeitdruck. So kann es beispielsweise vorkommen, dass im Rahmen eines Gebäudebrandes mit Unpassierbarkeit des ersten – baulichen – Rettungsweges (Treppenraum) durch Verrauchung des Treppenraumes oder Abbrand der Holztreppe mehrere Einzelpersonen oder Personengruppen aus unterschiedlichen Wohneinheiten und Stockwerken gerettet werden müssen[15]. In diesem Fall besteht immer die Gefahr des Einspringens von Personen in den Rettungskorb, wenn zwei Personen(gruppen) aus zwei übereinander angeordneten Rettungsöffnungen in unterschiedlichen Stockwerken gerettet werden müssen. Wird als erstes die Person oder Personengruppe im unteren Stockwerk mit dem Rettungskorb angefahren, geraten möglicherweise die Person oder die Personen im darüber liegenden Stockwerk in Panik in der Annahme, sie würde(n) nicht gerettet werden. Dann besteht

[15] Siehe beispielsweise Wohnhausbrand in Mülheim/Ruhr am 10.12.2006 (BrandSchutz 4/07, Seite 295 ff.) oder Wohnhausbrand in Ludwigshafen am 03.02.2008

die Gefahr einer Kurzschlusshandlung, insbesondere dann, wenn diese Person(en) durch rasche Brand- u. Rauchausbreitung stark gefährdet sind – oder sich stark gefährdet fühlt bzw. fühlen. Im Rahmen von derartigen Einsätzen muss die Drehleiterbesatzung den Überblick behalten und auf den Eigenschutz achten. Weiterhin muss sie innerhalb kürzester Zeit – unter Berücksichtigung des maximal möglichen Eigenschutzes – einen Aktionsplan für die Rettung der gefährdeten Personen entwickeln. Dabei muss zwangsläufig in Abhängigkeit der von den Einsatzkräften abzuschätzenden Gefährdungsstufe eine Priorisierung der zu rettenden Personen vorgenommen werden. Nachfolgender Textkasten gibt eine Entscheidungshilfe, wie im Rahmen einer solchen Gefährdungseinordnung vorgegangen werden kann. Dabei ist dem Autor sehr wohl bewusst, dass sich mit dieser Gefährdungseinordnung an jeder Einsatzstelle andere Schwierigkeiten ergeben und dass die Einordnung betroffener Personen in Gefährdungskategorien sehr stark von den jeweils vorliegenden Gegebenheiten an der Einsatzstelle abhängt. Dennoch ist es notwendig, sich im Vorfeld gedanklich mit einem derartig komplexen Einsatzszenario auseinanderzusetzen. Nur so besteht eine reelle Chance, sich auf eine derart komplexe Situation vorzubereiten, um dann im Einsatzfall nicht von dieser überrollt zu werden.

Die Rettung betroffener Personen sollte nach folgender Reihenfolge durchgeführt werden:

1. Personen in der Brandwohnung oder Personen, die durch eine Brand- und Rauchausbreitung unmittelbar und akut gefährdet sind
2. Personen in den der Brandwohnung angrenzenden Wohneinheiten (insbesondere in den darüber liegenden Wohneinheiten), die durch Feuer und Brandrauch gefährdet sind
3. Alle anderen Personen, die an Fenstern/Balkonen auf sich aufmerksam machen und sich in einem als sicher eingestuften Bereich befinden.

☞ Die Rettung von absturzgefährdeten Personen (z.B. an Fenstersimsen hängende Personen) ist vorrangig durchzuführen!

Beim Einsatz einer Drehleiter im Rahmen einer Suizidandrohung (z.B. Person auf einem Masten oder Baukran, droht damit, in die Tiefe zu springen) sollte ebenfalls im Sinne der Eigensicherung ein ausreichender Abstand zwischen Rettungskorb und Suizident gehalten werden. Da in einem solchen Einsatzfall die Absichten und möglichen Handlungen der suizidgefährdeten Person nicht eingeschätzt werden können, muss hier so lange ein ausreichender Sicherheitsabstand eingehalten werden, bis die Person sicher von ihrem geplanten Handeln ablässt und eine Rettung möglich wird.[16] Zur Vorgehensweise beim Anfahren von Rettungsöffnung(en) siehe auch Kapitel 3.1.1.

Atemgifte

Im Rahmen eines Brandeinsatzes sind die Einsatzkräfte im Rettungskorb bei einer Brandbekämpfung oder Menschenrettung durch Atemgifte gefährdet. Wird die Drehleiter zur direkten Brandbekämpfung mittels Wasserwerfer (Wenderohr) oder handgeführtem Strahlrohr (z.B. Dachstuhlbrand, Wohnungsbrand, etc.) eingesetzt, sind die im Rettungskorb befindlichen Einsatzkräfte dem aus dem Einsatzobjekt austretenden Brandrauch ausgesetzt.

Bei der Durchführung einer Menschenrettung über den Rettungskorb im Rahmen eines Brandeinsatzes ist die im Rettungskorb befindliche Einsatzkraft je nach vorliegender Einsatzlage ebenfalls kurzzeitig dem aus dem Gebäude austretenden Brandrauch ausgesetzt. Dies kann beispielsweise bei einer Menschenrettung aus einer über dem Brandgeschoss liegenden Wohneinheit der Fall sein. Hierbei ist dann auch die zu rettende Person durch den Brandrauch gefährdet.

Atemschutz

In den vorliegend beschriebenen Einsatzlagen müssen sich die im Rettungskorb befindlichen Einsatzkräfte durch geeignete Maßnahmen schützen, z.B. durch den Einsatz von umluftunabhängigem Atemschutz oder Filtergerät (Mindestausrüstung). Die zu rettenden Personen müssen ggf. mit Fluchthauben gegen den Brandrauch geschützt werden. Weiterhin kann es in bestimmten Einsatzlagen notwendig werden, dass sich auch der Drehleitermaschinist mit einem geeigneten Atemschutzgerät (Filtergerät, Isoliergerät) ausrüstet, z.B. beim Einsatz einer Drehleiter zur Brandbekämpfung in einem Innenstadtbereich bei Vorliegen einer ungünstigen Wetterlage (z.B. Nebel, Inversionswetterlage, etc.). In solchen ungünstigen Einsatzsituationen muss sich

[16] Einsatzbericht „Nürnberg: Person droht zu springen“ in BrandSchutz 5/2017.

der Maschinist vor der Einwirkung von Atemgiften schützen, damit er den Hauptbedienstand nicht verlassen muss (*siehe auch Kapitel 3.1.1*).

■ Absturz

Absturzsicherung beim Drehleitereinsatz

Im Rahmen bestimmter Einsatztätigkeiten kann auch die Gefahr des Absturzes bestehen. Hierunter ist insbesondere die Gefahr des Absturzes von Einsatzkräften aus dem Rettungskorb heraus zu verstehen. Diese Gefahr besteht bei der Ausführung bestimmter Arbeiten im Zuge von technischen Hilfeleistungen, bei denen sich die im Rettungskorb befindlichen Einsatzkräfte aus dem Rettungskorb herausbeugen müssen, z.B.

- ▶ Entfernung loser Dachziegel von einem Satteldach infolge Sturmschaden
- ▶ Absichern einer vom Sturm freigelegten Dachkonstruktion gegen Eindringen von Regen
- ▶ Sicherung einer Einsatzkraft im Rahmen der Absturzsicherung aus dem Rettungskorb heraus (Einsatzkraft im Rettungskorb = Sicherungsmann für die gesicherte Einsatzkraft)
- ▶ Rettung eines Patienten mittels Krankentragenhalterung (Unterstützung beim Überheben der Trage auf die Krankentragenhalterung).

In den vorgenannten Einsatzbeispielen kann es notwendig werden, dass sich die im Rettungskorb befindliche Einsatzkraft zeitweise über die Korbumrandung beugen muss, um diese Tätigkeiten durchführen zu können. Möglicherweise muss sich die Einsatzkraft durch den Korbeinstieg hindurch aus dem Rettungskorb hinausbeugen (z.B. bei der Entfernung von Dachziegeln). In diesem Fall besteht eine konkrete Absturzgefahr für die Einsatzkraft. Für diesen Zweck haben die Drehleiterhersteller Selbstsicherungsösen an unterschiedlichen Stellen im Rettungskorb angebracht, die als Haltepunkte für eine Selbstsicherung (sog. Standplatzsicherung) dienen. Durch Einhängen des Karabiners eines Feuerwehr-Haltegurtes

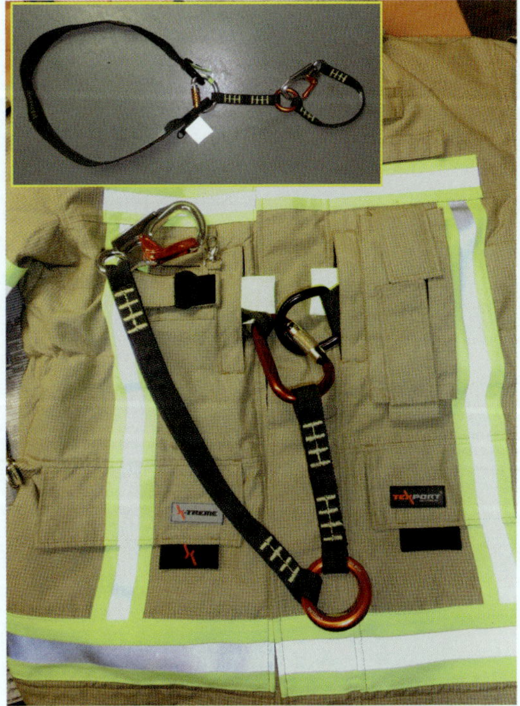

Abb. 38: Integriertes Rettungssystem (IRS) mit Selbstsicherungsschlinge für die Integration in Brandschutzbekleidung (Jacke). Hiermit kann eine Standplatzsicherung im Rettungskorb durchgeführt werden.

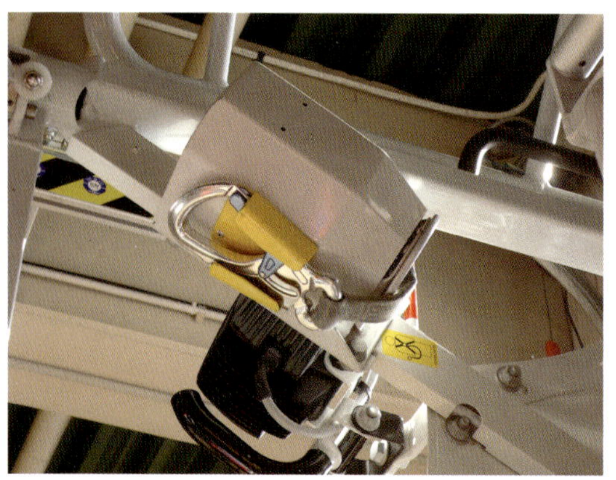

Abb. 39: Selbstblockierendes, selbstaufrollendes Sicherungsgerät für die Standplatzsicherung im Rettungskorb.

oder der Selbstsicherungsschlinge eines in der Einsatzkleidung eingearbeiteten integrierten Rettungssystems wird die damit gesicherte Einsatzkraft zurückgehalten und ein möglicher Absturz verhindert. Diese Absturzsicherung stellt eine rein statische Sicherung dar, die keinesfalls durch einen Sturz belastet werden darf! Daher muss die Selbstsicherung in Form des Haltegurtes oder einer Selbstsicherungsschlinge stets möglichst kurz und gespannt gehalten werden, wodurch allerdings die Beweglichkeit eingeschränkt wird.

Eine weitere technische Möglichkeit ist die Verwendung einer selbstblockierenden abrollbaren Absturzsicherung in Form eines Gurtbandes. Diese selbstblockierenden Sicherungsgeräte erlauben der gesicherten Einsatzkraft eine größere Bewegungsfreiheit als bei einer Sicherung mittels Feuerwehrhaltegurt oder Selbstsicherungsschlinge. Gerät die damit gesicherte Einsatzkraft aus dem Gleichgewicht und stürzt, blockiert das Sicherungsgerät den Abrollvorgang des Gurtbandes von der Speichertrommel und fängt den Sturz der Person in der Entstehungsphase ab. Bei der Verwendung eines solchen selbstblockierenden Sicherungsgerätes ist die Verwendung eines Auffanggurtes für die zu sichernde Einsatzkraft empfehlenswert (*siehe auch Kapitel 3.1.3.*).

Nähere Informationen hierzu sind der jeweiligen Bedienungsanleitung des Herstellers zu entnehmen.

■ Einsturz

Einsturzgefahr

Eine weitere Gefahr für die Einsatzkräfte und das Fahrzeug selbst an der Einsatzstelle besteht durch Einsturz von Gebäudeteilen bzw. dem Absturz loser Teile oder Bauteile eines Gebäudes.

So besteht beispielsweise bei Bränden von Lager- oder Fabrikationshallen mit Trapezblechfassaden die Gefahr des Einsturzes bzw. Umsturzes der Seitenwände (Fassadenelemente), wenn die Befestigungen der Fassadenelemente aufgrund thermischer Belastung in ihrer Festigkeit nachgeben. Eine weitere Gefahr bilden freigebrannte Giebelwände von ausgebrannten Dachstühlen, welche unvermittelt ein- bzw. umstürzen können.

Abb. 40: Eingestürzte Fassadenelemente einer Lager- u. Fabrikationshalle. In diesem Fall sind die Fassadenelemente durch die thermische Einwirkung des Brandes in die Halle gestürzt.

Herabfallende Dachteile (z.B. Dachziegel) bei einem Dachstuhlbrand stellen ein weiteres Gefährdungspotential für Einsatzkräfte und Fahrzeug dar. Bei Dächern mit montierten Photovoltaikanlagen oder Solarthermieanlagen besteht im Falle eines Dachstuhlbrandes eine Absturzgefahr der Anlagenelemente durch Brechen der Halterungen aufgrund thermischer Beaufschlagung. In diesem Fall ist damit zu rechnen, dass die einzelnen Solarmodule über die Dachschräge nach unten rutschen und im Bereich der Dachtraufe auf dem Boden aufschlagen.

Bei der Aufstellung der Drehleiter ist daher darauf zu achten, dass das Fahrzeug möglichst außerhalb des Trümmerschattens platziert wird.

Bei Unwettereinsätzen ist ebenfalls mit Gefahren durch Einsturz bzw. Absturz zu rechnen, so z.B. bei Einsätzen an umsturzgefährdeten Bäumen oder einsturzgefährdeten Baugerüsten.

Elektrizität[17]

Gefahr durch Elektrizität

Eine der Hauptgefahren im Drehleitereinsatz stellt die Gefahr durch Elektrizität dar. Ein großes Problem ist die oftmals schwierige und problematische Erkennbarkeit des Vorliegens einer Gefährdung durch elektrische Spannung. So kann bei einem sich dynamisch entwickelnden und dramatischen Einsatz (z.B. Menschenrettung bei einem Gebäudebrand) teilweise das Vorliegen einer Gefahr durch elektrische Ladungsträger (z.B. Hochspannungsleitungen, Bahn-Oberleitungen, Straßenbahnoberleitung, etc.) möglicherweise nicht schnell genug erkannt werden, um einen Unfall zu verhindern. Oftmals fehlen an einer Einsatzstelle auch die Hinweise (optisch, akustisch) auf das mögliche Vorliegen einer elektrischen Gefahr, insbesondere auch bei Nacht, schlechter Sicht und schlechtem Wetter. In manchen Fällen ist die schnelle Einleitung von Sicherheitsmaßnahmen aufgrund eines zeitkritischen und dynamischen Einsatzgeschehens nicht möglich. In den vergangenen Jahren waren eine Reihe schwerer (und teilweise tödlich verlaufender) Unfälle bei Einsätzen von Drehleitern zu verzeichnen.[18]

Insbesondere bei Unwettereinsätzen bestehen oftmals Gefahren durch Elektrizität. Vor der Fahrzeugaufstellung und dem Einsatzbeginn müssen die Einsatzstelle auf diese Gefahren hin erkundet und ggf. erforderliche Schutzmaßnahmen eingeleitet werden. Aber auch während einer Menschenrettung bei einem Gebäudebrand ist eine Gefährdung durch Elektrizität nicht auszuschließen.

Die folgende Aufstellung gibt einige Beispiele für Einsatzsituationen, in deren Rahmen mit einer Gefährdung durch Elektrizität gerechnet werden muss:

- Umsturzgefährdeter Baum mit möglicher Beschädigung von Hochspannungsleitungen (Oberleitung Eisenbahn, Überlandleitung, etc.)
- Einsatz an Gebäuden mit Photovoltaikanlage auf dem Dach
- Beseitigung eines umgestürzten Baumes in Hochspannungsleitung (z.B. Überlandleitung, Fahrdraht DB)

[17] Siehe auch „Gefahren der Einsatzstelle – Elektrizität"; Kemper, Fachwissen Feuerwehr, 2015

[18] Siehe auch die tragisch verlaufenen Einsätze in Oberhausen am 01.10.2016 und in der Nähe von Nantes/Frankreich, Dezember 2010 sowie in Düsseldorf 2009 (Kontakt Drehleiter mit Oberleitung Straßenbahn im Rahmen einer Menschenrettung bei einem Dachstuhlbrand ohne Personenschäden)

- Gerüsteinsturz mit Beschädigung von Fahrdrähten (z.B. Straßenbahn) oder Leitungen der Straßenbeleuchtung
- Sicherung eines abgedeckten Daches infolge Sturmschaden bei Häusern mit Dachständer- u. Giebeleinspeisung
- Beschädigte und/oder absturzgefährdete Leuchtreklamen oder Lichterketten infolge eines Sturmes/Unwetters
- Abgestürztes Ultraleichtflugzeug, Drachenflieger oder Kleinflugzeug bzw. Kleinflugzeug in Hochspannungsfreileitung
- Äste in Hochspannungsleitung (z.B. Fahrdraht DB) durch Schneebruch bzw. Schneelast
- Brandbekämpfung über Drehleiter in unmittelbarer Nähe zu Hochspannungsleitungen bzw. Hochspannungsanlagen (z.B. Umspannwerk)

Abb. 41a und b: Beispiele für Gefahren durch Elektrizität im Rahmen von Drehleitereinsätzen. Stromeinspeisung über Dachständer auf einer Dachfläche und Photovoltaikanlage auf Flachdach.

Abb. 42a und b: Drehleitereinsatz im Bereich von Oberleitungen bzw. Speiseleitungen der Eisenbahn.

- Menschenrettung aus Gebäuden in unmittelbarer Nähe zu Fahrdrähten bzw. Oberleitungen (z.B. Straßenbahn, elektrisch betriebene Busse des ÖPNV)
- Brandbekämpfung (z.B. Dachstuhlbrand) über Drehleiter an Gebäuden mit Dachständer- oder Giebeleinspeisung

Abb. 43: Straßenbahnoberleitungen in unmittelbarer Nähe von Wohnhäusern im städtischen Bereich.

Spannungsverschleppung

Spannungsverschleppung

Bei Kontakt von Spannungsquellen mit elektrisch leitfähigen Bauelementen oder Gegenständen kann eine Übertragung der Spannung über große Bereiche erfolgen, man spricht hier von einer sogenannten „Spannungsverschleppung".[19]

Bei Gefahr einer Spannungsverschleppung sind von den betroffenen Gegenständen bzw. Bauelementen die gleichen Sicherheitsabstände einzuhalten wie von der eigentlichen Spannungsquelle selbst (siehe nachfolgenden Abschnitt „Schutzmaßnahmen bei Gefahren durch Elektrizität im Drehleitereinsatz").

[19] Siehe auch: DGUV Information 203-052 – „Elektrische Gefahren an der Einsatzstelle" - Vortrag für Einsatzkräfte

Die Möglichkeit einer Ausbreitung der Gefahr durch Elektrizität besteht insbesondere bei Kontakt einer Spannungsquelle (z.B. Dachständereinspeisung eines Wohnhauses, abgerissene Straßenbahnoberleitung, etc.) mit folgenden Bauelementen/Gegenständen:

- Dachrinnen und Fallrohre
- Metallgeländer, Metalltreppen und Fluchtleitern
- Antennenanlagen
- Blechdächer
- Gerüste
- Zäune
- Ampelmasten

Wenn sich elektrische Anlagen bedingt durch Sturmschäden, einem Verkehrsunfall oder einem Brand in einem unvorhergesehenen bzw. nicht bestimmungsgemäßen Zustand befinden, ist mit einer hiervon ausgehenden elektrischen Gefährdung für die Einsatzkräfte zu rechnen.

Schutzmaßnahmen bei Gefahren durch Elektrizität im Drehleitereinsatz

Schutzmaßnahmen gegen elektrische Gefahren

Bei Einsätzen der Drehleiter im Rahmen von Technischen Hilfeleistungen (z.B. Sturmeinsätze) und Brandeinsätzen im Bereich elektrischer Anlagen sind die allgemeinen Sicherheitsmaßnahmen nach UVV und VDE 0132 sowie die Vorgaben und Empfehlungen der DGUV Information 203-052[20] einzuhalten, die bei jedem Feuerwehreinsatz Gültigkeit haben. Dazu zählen insbesondere die vorgegebenen Sicherheitsabstände zu spannungsführenden Anlagen. Auf den Drehleitereinsatz bezogen sind damit insbesondere folgende Schutzmaßnahmen zu beachten:

- Schutzabstand des Leitersatzes bzw. des Rettungskorbes zur Spannungsquelle entsprechend der Höhe der anzutreffenden Spannung einhalten (Unterscheidung Niederspannung ←→ Hochspannung)
- Anwendung der **„5 Sicherheitsregeln“**

[20] Ehemalige BGI/GUV-I 8677 „Elektrische Gefahren an der Einsatzstelle“ der Berufsgenossenschaft Energie Textil Elektro Medienerzeugnisse (BG ETEM), Ausgabe Juli 2011

- Verwendung der elektrisch leitfähigen Unterlegklötze für die Bodendruckplatten der Abstützungen
- Strahlrohrabstände entsprechend der Vorgaben nach VDE 0132 in Abhängigkeit der gegebenen oder vermuteten Spannungshöhe einhalten.

Folgende Regelwerke geben Informationen zu Schutzmaßnahmen im Bereich elektrischer Anlagen:

- **DGUV Information 203-052 (ehem. BGI/GUV-I 8677), „Elektrische Gefahren an der Einsatzstelle", Vortrag für Einsatzkräfte, Ausgabe Juli 2011**
- **DGUV Information 205–010 (ehem. GUV-I 8651) „Sicherheit im Feuerwehrdienst"**
- **DGUV Vorschrift 49 (ehem. GUV-VC 53) – „UVV Feuerwehren"**
- **VDE 0132**

Schutzabstand

Schutzabstand

Als Erstmaßnahme beim Vorliegen einer Gefahr durch Elektrizität ist ein ausreichender Schutzabstand zur Spannungsquelle einzuhalten. Hier muss zwischen Niederspannung und Hochspannung unterschieden werden. Als Niederspannung bezeichnet man den Bereich bis 1.000 V ~ (Wechselspannung) bzw. bis 1.500 V = (Gleichspannung).

In diesen Bereich fallen die Hausinstallationen bzw. die Installationen in Gewerbe und Industrie (Niederspannungsnetz) mit Spannungswerten von 230 V ~ und 400 V ~. Auch die Giebel- und Dachständereinspeisungen bei Wohnhäusern, wie sie beispielsweise im ländlichen Bereich noch häufig vorhanden sind, fallen hierunter.

Der notwendige Schutzabstand von Niederspannungsanlagen bis 1.000 V ~ (z.B. Hausversorgungsnetz) beträgt 1 m.

Der Hochspannungsbereich umfasst die Transport- und Verteilernetze mit einer Spannung zwischen 1.000 V ~ und 380.000 V ~ (1 kV – 380 kV).

Hierunter fallen alle Überlandhochspannungsfreileitungen und die Verteilernetze in Ballungsräumen und Kommunen bzw. die Einspeisungen für Großverbraucher (z.B. Industriebetriebe). Auch elektrische Anlagen mit Gleichspannungen mit einer Spannungshöhe von mehr als 1.500 V fallen in den Bereich der Hochspannung.

Im Bereich von Hochspannungsanlagen sind folgende Schutzabstände einzuhalten:

Tabelle 4: Mindestabstände Leiterspitze/Rettungskorb zu spannungsführenden Bauelementen (Hochspannung).

Spannungsgröße	Abstand Leitersatz/Rettungskorb zu Spannungsquelle
>1.000 V bis 110.000 V~	3 m
>110.000 V~ bis 220.000 V~	4 m
>220.000 V~ bis 380.000 V~	5 m

In die Wahl des Schutzabstandes müssen auch kurzzeitig mögliche Unterschreitungen des Abstandes durch Schwingungen des Leitersatzes einkalkuliert werden. Diese können z.B. durch einwirkende Windkräfte oder durch Belastung des Leitersatzes durch in den Rettungskorb einsteigende Personen verursacht werden. Auch Schwingungen des Leitersatzes durch Arbeiten aus dem Rettungskorb können zu einer Unterschreitung des Mindestabstandes führen.

In solchen Fällen muss der Sicherheitsabstand von Beginn an entsprechend vergrößert werden. Gleiches gilt auch bei windbedingten Schwingungen der Leitungen.

Für die Ermittlung der notwendigen Schutzabstände des Leitersatzes von Hochspannungsfreileitungen können die Abstände der Leitungen von den tragenden Auslegern der Hochspannungsmaste als Anhaltspunkt genommen werden.

Zwischen den Mastauslegern und den Leitungen befinden sich die Isolatoren, welche die elektrische Trennung von Leitung und Mast sicherstellen.

Abhängig von der vorhandenen Spannungsgröße (20 kV, 110 kV, 220 kV oder 380 kV) weisen diese Isolatoren unterschiedliche Längen auf, welche als Einzelisolatoren oder in Form von aneinandergehängten Isolatoren (Isolatorketten) zwischen Mastausleger und Leitung eingebaut werden.

Die Länge der notwendigen Isolationsstrecken und damit der Isolatoren zwischen Mastausleger und Leitung beträgt

- ca. 1,10 m bei Hochspannungsfreileitungen mit 110.000 V (110 kV)

Abb. 44: Isolatoren einer 380 kV-Leitung (Isolatorenkette aus drei Einzelisolatoren)

Abb. 45a und b: Die Leitungen verlaufen in einem Industriegebiet an der Straße entlang bzw. direkt über Gebäuden hinweg und stellen im Einsatzfall (z.B. Einsatz einer Drehleiter zur Brandbekämpfung mit Wenderohr) insbesondere nachts bei fehlender Beleuchtung eine große Gefahr dar. Links eine 110 kV-Leitung mit einem Einzelisolator.

- ca. 2,30 m bei Hochspannungsfreileitungen mit 220.000 V (220 kV)
- ca. 3,50 m bei Hochspannungsfreileitungen mit 380.000 V (380 kV).

Darüber hinaus kann auch die Masthöhe Aufschluss über die in den Leitungen vorhandene Spannungsgröße geben: je höher der Mast, desto größer die in den Leitungen anliegende Hochspannung.

Bei unbekannter Höhe der Spannung ist mit der Spitze des Leitersatzes bzw. dem Rettungskorb generell der maximale Schutzabstand von mindestens 5 m zur Leitung einzuhalten!

Spannungstrichter

Spannungstrichter

Bei Berührung einer abgerissenen Hochspannungsleitung mit dem Erdboden ist ein Schutzabstand von mindestens 20 m im Radius kreisförmig um die Auflagestelle (Kontaktstelle) herum einzuhalten. Berührt das abgerissene Leitungsende einen elektrisch leitfähigen Gegenstand wie beispielsweise einen Metallzaun oder ein Gerüst, so ist

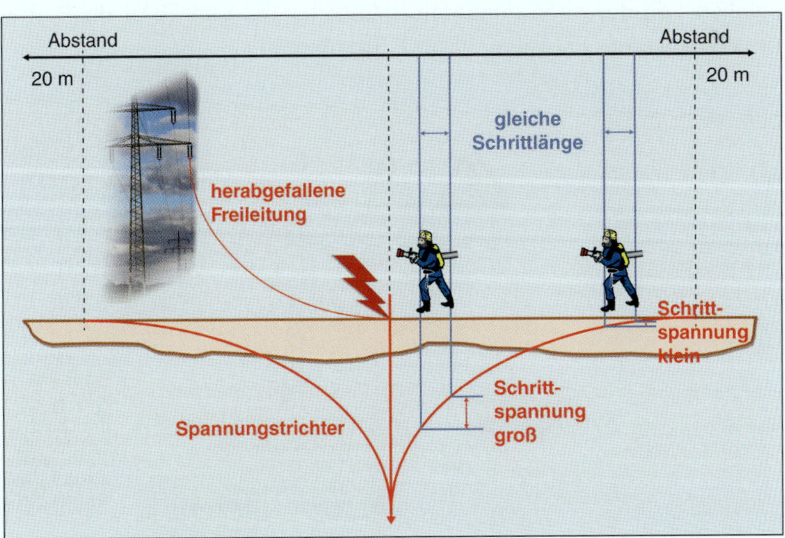

Abb. 46: Spannungstrichter und Schrittspannung am Beispiel einer am Boden aufliegenden abgerissenen Hochspannungsleitung. Grafik: Kemper

von diesem Gegenstand ebenfalls ein Schutzabstand von mindestens 20 m (im Radius kreisförmig um den Gegenstand herum) einzuhalten.

Durch das am Boden liegende Leitungsende wird das umgebende Erdreich unter Spannung gesetzt, das Erdreich wird zum elektrischen Leiter. Die Größe der Spannung baut sich mit zunehmendem Abstand von der Einleitungsstelle ab, es bildet sich ein sogenannter Spannungstrichter aus.

Bei Betreten des unter Spannung stehenden Bereichs um die Kontaktstelle werden durch die Schritte Bereiche unterschiedlich hoher Spannungswerte („Potentiale") überbrückt. Diese Spannungsdifferenz wird auch als sogenannte Schrittspannung bezeichnet. Aufgrund dieser Spannungsdifferenz fließt ein Strom durch die Beine und den Körper der sich im Gefahrenbereich bewegenden Person, welcher tödliche Folgen haben kann.

Gleiches gilt für die Berührung einer Hochspannungsfreileitung mit der Drehleiter. Durch den Kontakt bildet der Leitersatz der Drehleiter eine Spannungsbrücke, über die ein Stromfluss in Richtung Erde entstehen kann. Der Strom fließt in diesem Fall über den Leitersatz, das Fahrgestell und die Abstützungen in den Erdboden der Standfläche ab. Um die Bodendruckplatten der Abstützungen herum bildet sich der vorstehend beschriebene Spannungstrichter aus. Daher ist in einem solchen Fall der oben genannte Schutzabstand von 20 m im Radius um das gesamte Fahrzeug herum einzuhalten.

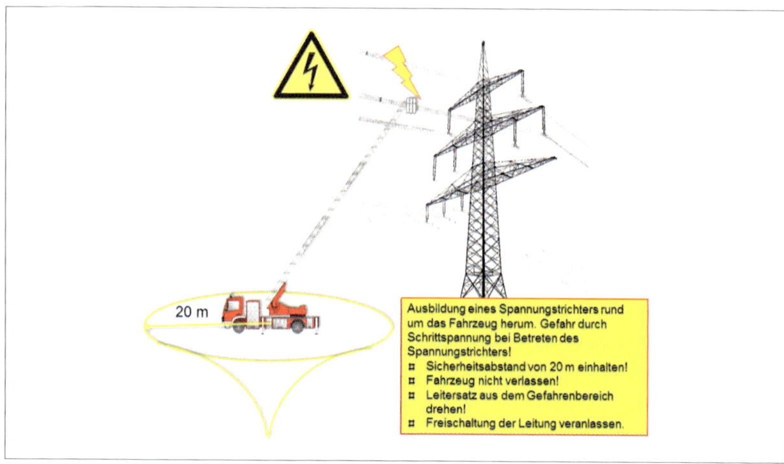

Abb. 47: Ausbildung eines Spannungstrichters bei Kontakt der Drehleiter mit Leitersatz oder Rettungskorb mit einer Hochspannungsleitung.

Hat die Leiterspitze bzw. der Rettungskorb Kontakt mit einer Hochspannungsfreileitung mit unbekannter Spannungsgröße, so ist von der Drehleiter ein Schutzabstand von 20 m im Radius um das Fahrzeug herum zu halten. Gefahr eines Stromflusses über den Leitersatz und die Abstützungen in das Erdreich der Standfläche ⇨ Gefahr der Ausbildung eines Spannungstrichters ⇨ Gefahr einer tödlichen Schrittspannung bei Annäherung an das Fahrzeug bzw. bei Flucht vom Fahrzeug weg!

Maßnahmen bei Stromkontakt

Gerät der Leitersatz der Drehleiter trotz aller Vorsichtsmaßnahmen in Kontakt mit einem unter elektrischer Spannung (Hochspannung, Niederspannung) stehenden Gegenstand, sind folgende Verhaltensregeln einzuhalten:

- Wenn möglich, Leitersatz durch Drehen, Aufrichten/Neigen oder Einfahren (ggfs. mittels Notbetrieb) aus dem Gefahrenbereich bringen (Trennung von Leitersatz und Spannung)
- Hauptbedienstand bzw. Fahrzeugpodium nicht verlassen (Gefahr des Stromflusses über den Körper beim Absteigen vom Fahrzeug!)
- Einsatzkräfte im Umfeld des Fahrzeugs warnen und auf die Einhaltung des oben genannten Schutzabstandes von 20 m um die Drehleiter herum hinweisen (ggf. Warnung über Einsatzstellenfunk)
- Freischaltung der Hochspannungsleitung veranlassen (ggf. über Einsatzstellenfunk)

Solange sich die betroffenen Einsatzkräfte an die vorstehend genannten Verhaltensregeln halten, sind sie bis zum Abschalten der Spannungsquelle bzw. bis zum Freifahren des Leitersatzes von der Spannungsquelle relativ sicher.

Bei Kontakt des Leitersatzes (z.B. Rettungskorb) mit einer Spannungsquelle (Wechselspannungsquelle) fließt der Strom von der Spannungsquelle aus gegen Erde hin ab. Es bildet sich ein Stromkreis aus. Der Stromfluss am Fahrzeug nimmt dabei folgenden Weg:

Rettungskorb → Leitersatz → Lafette/Drehgestell → Podium/Abstützungen → Abstützungen/Bodendruckplatten → Erdboden/Standfläche.

Abb. 48: Weg des Stromflusses über die Drehleiter bei Berührung des Leitersatzes bzw. des Rettungskorbes mit einer Spannungsquelle (beispielhafte Darstellung).

Über die Bodendruckplatten der Abstützungen wird der Strom in Richtung Erdboden abgeleitet. Auch bei Unterlegen der Unterlegplatten wird ein ausreichender Erdschluss zwischen Fahrzeug und Erdboden sichergestellt, da diese durch Metallbänder elektrisch leitfähig sind.

Verlässt nun beispielsweise der Drehleitermaschinist das Fahrzeug über die Aufstiegsleiter am Podium, bildet er eine weitere leitende Verbindung zwischen Fahrzeug und Erdboden. Hält er sich während des Abstiegs vom Fahrzeug mit einer Hand am Fahrzeug fest, überbrückt er mit seinem Körper die Trennung zwischen Fahrzeug und Erdboden. Daraus resultiert ein Stromfluss über den Körper der Einsatzkraft, der tödliche Folgen haben kann. Der Strom nimmt außer dem oben beschriebenen Weg nun parallel noch folgenden Weg:

Rettungskorb → Leitersatz → Lafette/Drehgestell → Podium/**Einsatzkraft** → Erdboden/Standfläche.

Es entsteht eine Parallelschaltung, bei der der Strom über zwei Wege in Richtung Erdboden abfließt: über die Abstützungen und über den Körper der Einsatzkraft. Dabei kann die Stromstärke, die über den Körper der Einsatzkraft fließt, ausreichend groß für tödliche Verletzungen sein. Die Schwere der Verletzungen hängt von der möglichen Stromstärke und damit von der Höhe der anliegenden Spannung ab.

Es gilt hierbei das Ohm'sche Gesetz, welches besagt, dass die Stromstärke bei gleichbleibendem Widerstand mit der Höhe der anliegenden Spannung zunimmt.

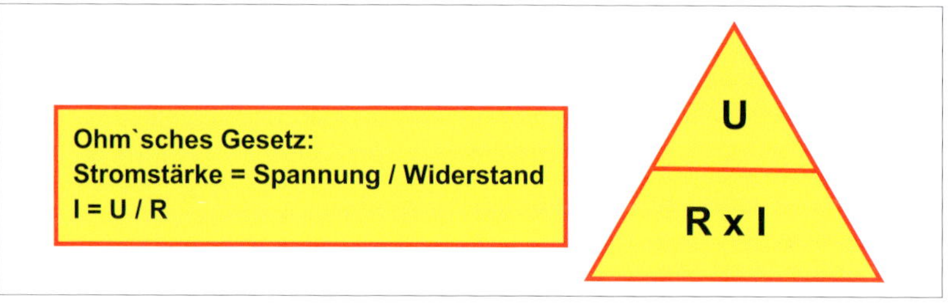

Wenn das Verlassen des Fahrzeuges im Notfall notwendig ist (z.B. bei Brandentwicklung), folgende Punkte beachten:

- beim Absteigen/Aussteigen Fahrzeug und Erdboden nicht parallel berühren,
- Abspringen vom Fahrzeug ohne Anhalten an den Fahrzeughaltegriffen
- Entfernung vom Fahrzeug durch kleine Trippelschritte oder durch Hüpfen (bei großen Schritten → gefährliche Schrittspannung!)

Anwendung der 5 Sicherheitsregeln

Die 5 Sicherheitsregeln

Als weitere Schutzmaßnahme bei Einsätzen im Bereich elektrischer Anlagen ist auf die Anwendung der **5 Sicherheitsregeln** zu achten. Diese Sicherheitsregeln dienen dem Schutz von Einsatzkräften und betroffenen Personen sowie zur Vermeidung von Schäden an Einsatzfahrzeugen und -gerät und müssen – soweit möglich – vor Einsatzbeginn durchgeführt werden.

Die 5 Sicherheitsregeln:

- **Freischalten**
- **Gegen Wiedereinschalten sichern**
- **Spannungsfreiheit prüfen**
- **Erden und kurzschließen**
- **Benachbarte spannungsführende Teile abdecken oder abschranken**

Freischalten

Freischalten

Vor allen anderen Tätigkeiten müssen bei Vorliegen einer Gefahr von Elektrizität für Einsatzkräfte und betroffene Personen vorrangig die spannungsführenden Elemente und/oder Bauteile einer elektrischen Anlage spannungslos geschaltet werden. Bei einer Wechselspannung bis 1.000 V (Niederspannung) kann dies durch fachlich geeignete Einsatzkräfte erfolgen (z.B. Freischalten von Hausstromkreisen bis 400 V), bei Wechselspannung über 1.000 V (Hochspannung) sind damit entsprechend autorisierte Fachkräfte zu beauftragen. Diese können beispielsweise sein:

- Betreiber des örtlichen ÖPNV (z.B. für Straßenbahnoberleitung)
- Energieversorgungsunternehmen (EVU) oder Netzbetreiber der Hochspannungsnetze

- Örtliche Netzbetreiber wie beispielsweise städtische Werke
- Deutsche Bahn (für bahneigenes Hochspannungsversorgungsnetz).

Die oben genannten Betreiber von Energieversorgungsnetzen verfügen über ständig erreichbare Notdienste. Diese können von der örtlichen Feuerwehrleitstelle nach Weisung des Einsatzleiters vor Ort zur Einsatzstelle alarmiert werden oder bereits nach Anweisung der Leitstelle eine Freischaltung der betroffenen Leitung(en) durchführen.

Hierzu ist dem Netzbetreiber bzw. Notdienst die genaue Lage der Einsatzstelle mit möglichst genauer Angabe der freizuschaltenden Leitungen bzw. Bauelemente zu nennen.

Die Feuerwehrleitstelle bzw. der Einsatzleiter vor Ort muss sich nach durchgeführter Freischaltung vor der Einleitung von Einsatzmaßnahmen die Bestätigung der freischaltenden Stelle über die Spannungsfreiheit der Leitungen bzw. Bauelemente (möglichst schriftlich, z.B. per Telefax) einholen.

■ Gegen Wiedereinschalten sichern

Gegen Wiedereinschalten sichern

Um zu verhindern, dass vor Einsatzende die abgeschaltete Leitung wieder unter Spannung gesetzt wird, muss die elektrische Anlage gegen Wiedereinschalten gesichert werden.

Dies kann beispielsweise durch eine Einsatzkraft sichergestellt werden, die am Schaltelement platziert wird und eine vorzeitige Spannungsaufschaltung ggf. verhindert.

Eine weitere Möglichkeit besteht in der Anbringung von Warnschildern am Schaltelement, die auf die Arbeiten im Gefahrenbereich hinweisen und ein Wiedereinschalten untersagen. Diese Schilder befinden sich in den genormten Elektrowerkzeugkästen der Feuerwehr.

Auf Spannungsfreiheit prüfen

Auf Spannungsfreiheit prüfen

Als nächster Schritt muss die elektrische Anlage auf ihre tatsächliche Spannungsfreiheit hin überprüft werden, wofür bei der Feuerwehr flächendeckend nur der Spannungsprüfer aus dem Elektrowerkzeugkasten einsetzbar ist (max. messbare Spannungsgröße 400 V ~).

Für die Spannungsmessung an Straßenbahnoberleitungen und Oberleitungen der Deutschen Bahn (15000 V~) werden spezielle Spannungsmessgeräte benötigt, welche in der Regel nicht bei den Feuerwehren vorgehalten werden. Diese werden beispielsweise von den örtlichen Unternehmen des ÖPNV (Straßenbahnoberleitung) oder den Notfallmanagern der Deutschen Bahn sowie der Bundespolizei (Fahrdraht der Bahn) vorgehalten.

Die Spannungsfreiheit von Hochspannungsfreileitungen kann nicht durch die Einsatzkräfte festgestellt werden. Hier müssen sich die Einsatzkräfte auf die Zusage der Schaltzentrale des jeweiligen Netzbetreibers verlassen. Diese teilt telefonisch die erfolgte Freischaltung und Erdung der betroffenen elektrischen Anlage mit, die Anforderung einer schriftlichen Bestätigung in Form eines Telefaxes ist unbedingt erforderlich.

Erden und Kurzschließen

Erden und Kurzschließen

Nach Freischaltung der elektrischen Anlage von der Spannung verbleibt insbesondere bei Hochspannungsanlagen eine Restspannung innerhalb der Leitungen, deren Höhe von unterschiedlichen Umgebungsfaktoren bestimmt wird. Um diese vorhandene Restspannung abzubauen, wird die Anlage über eine elektrisch leitfähige Verbindung mit der Erde verbunden. Diesen Vorgang nennt man kurzschließen, da vorsätzlich eine direkte Verbindung zwischen elektrischem Leiter und der Erde (Masse) ohne die Zwischenschaltung eines Widerstandes (z.B. Verbraucher) hergestellt wird.

Für die Durchführung einer solchen Erdung werden hierfür geeignete Erdungsvorrichtungen benötigt. Diese werden von den Notfalldiensten der Unternehmen im ÖPNV (z.B. für Straßenbahnoberleitungen) oder den oben aufgeführten Stellen vorgehalten.

Es kann aber auch sinnvoll sein, insbesondere die für die Erdung von Oberleitungen der Netze des öffentlichen Personennahverkehrs benötigten Erdungseinrichtungen bei der örtlichen Feuerwehr vorzuhalten. In diesem Fall müssen allerdings die Einsatzkräfte der Feuerwehr in die Durchführung der Feststellung der Spannungsfreiheit und der Erdung unterwiesen sein. Diese Unterweisung ist jährlich zu wiederholen.

Ein weiterer Aspekt der Erdung ist die absichtliche Herbeiführung eines Kurzschlusses im Falle einer versehentlichen vorzeitigen Wiederaufschaltung der Spannung auf die elektrische Anlage. In diesem Fall wird durch die Erdungseinrichtung eine Zwangserdung durchgeführt, durch die im Falle einer vorzeitigen Wiederaufschaltung der Spannung ein Kurzschluss herbeigeführt wird. Für die Erdung sind jeweils zwei Erdungseinrichtungen notwendig, da die Erdung stets auf beiden Seiten des Fahrzeugs durchgeführt werden muss (vor und hinter dem Fahrzeug).

Abb. 49a und b: Beispiel für Erdungseinrichtung für die Oberleitung einer Straßenbahn. Der Haftmagnet der Erdungseinrichtung wird auf die Schiene aufgesetzt, die Klemme der Erdungseinrichtung in die Oberleitung eingehängt. Die Kurzschließung der Oberleitung erfolgt durch Betätigung des Schaltmechanismus in der isolierenden Kunststoffbox über das Schaltgestänge auf der Vorderseite (roter und schwarzer Knauf).

Abb. 50a und b: Erdungseinrichtung einer Oberleitung der Deutschen Bahn.

Benachbarte spannungsführende Teile abdecken oder abschranken

Spannungsführende Teile abdecken oder abschranken

Als letzte Sicherheitsmaßnahme werden spannungsführende Teile der betroffenen elektrischen Anlage, welche nicht spannungsfrei geschaltet worden sind bzw. nicht freigeschaltet werden konnten, abgedeckt bzw. abgeschrankt. Allerdings ist die Abdeckung oder Abschrankung von weiterhin unter Spannung stehenden Anlagenteilen im Einsatz für die Einsatzkräfte der Feuerwehr praktisch nicht durchführbar.

Auf den Einsatz der Feuerwehr übertragen bedeutet diese Sicherheitsmaßnahme, dass benachbarte spannungsführende Anlagenelemente abgesperrt werden (z.B. mittels Absperrband). Dadurch wird der weiter bestehende Gefahrenbereich deutlich gekennzeichnet.

Sicherheit ⇨ Kontrolle der Einsatzstelle auf mögliche Gefahren nach dem Schema der Gefahrenmatrix.

3 Einsatzspektrum von Drehleitern

Das Einsatzspektrum moderner Drehleitern ist vielfältig und breitgefächert. Je nach technischer Ausstattung und Ausführung lassen sich mit diesen Fahrzeugen unterschiedlichste Einsatzlagen bewältigen.

Neben der ursprünglich vorgesehenen Nutzung als zweiter Flucht- u. Rettungsweg aus Gebäuden[21] im Rahmen eines Brandeinsatzes mit Menschenrettung ergeben sich weitere Einsatzmöglichkeiten in den Bereichen Brandeinsatz und technische Hilfeleistung. Einige dieser Einsatzmöglichkeiten umfassen die Menschenrettung aus unterschiedlichen Lagen durch den Einsatz weiterer technischer Hilfsmittel, die in Verbindung mit der Drehleiter eingesetzt werden (z.B. Menschenrettung mit Schleifkorbtrage und Flaschenzugsystem).

Andere Einsatzmöglichkeiten ergeben sich aus den zahlreichen Ausrüstungsgegenständen, welche sich auf dem Fahrzeug zusätzlich zur Normbeladung unterbringen lassen.

3.1 Einsatzmöglichkeiten im Brandeinsatz

Einsatzmöglichkeiten im Brandeinsatz

Die Einsatzmöglichkeiten im Brandeinsatz reichen weit über das Spektrum der reinen Brandbekämpfung mit Wenderohr hinaus. Hierbei sind in einigen Fällen die Übergänge zu den Einsatzmöglichkeiten

[21] Siehe auch Einleitungstext, Musterbauordnung -MBO-, Fassung November 2002, zuletzt geändert durch Beschluss der Bauministerkonferenz vom 13.05.2016

bei der technischen Hilfeleistung fließend, beispielsweise bei der Sicherung von Einsatzkräften mit dem Gerätesatz Absturzsicherung über den Leitersatz.

Einige Beispiele für die Einsatzmöglichkeiten im Rahmen von Brandeinsätzen sind insbesondere:

- Menschenrettung aus Obergeschossen bei Bränden in Gebäuden
- Rettungs- u. Fluchtweg für Atemschutztrupp im Innenangriff innerhalb von Gebäuden („Anleiterbereitschaft")
- Nutzung für Absturzsicherung (Anschlag- u. Umlenkpunkt für Sicherungsseil des Gerätesatzes Absturzsicherung)
- Ausleuchtung von Einsatzstellen
- Brandbekämpfung mit Wenderohr
- Brandbekämpfung mit Schaumrohr (Schwerschaum- o. Mittelschaumrohr)
- Brandbekämpfung mit handgeführtem C-Hohlstrahlrohr (z.B. „qualifizierter Außenangriff")
- Unterstützung eines Innenangriffes von außen, z.B. Dachöffnung vom Rettungskorb einer Drehleiter aus bei einem Dachstuhlbrand
- Einsatz zur Belüftung von Gebäuden

3.1.1 Menschenrettung bei Bränden in Gebäuden

Menschenrettung mittels Rettungskorb

Im Rahmen einer Menschenrettung bei einem Brandeinsatz sind prinzipiell die Rettung über Rettungskorb (Korbbetrieb) oder über die Leiterbrücke (Auflegen des Leitersatzes) möglich:

Eine Rettung über Leiterbrücke durch Auflegen des Leitersatzes sollte jedoch nicht durchgeführt werden. Dies hat u.a. folgende Gründe:

- Mögliche Angstreaktion der zu rettenden Personen beim Abstieg über den Leitersatz (z.B. Blockade durch Höhenangst mit daraus resultierendem „Klammern" am Leitersatz ⇨ Behinderung der nachfolgend absteigenden Personen)
- Schwierige Rettung von panisch reagierenden Personen vom Leitersatz
- Sicherung der absteigenden Personen auf dem Leitersatz gegen Absturz kaum möglich (insbesondere bei größeren Personengruppen)

- Mögliche Absturzgefahr der absteigenden Personen während des Abstieges über den Leitersatz, insbesondere bei schwierigen Witterungsverhältnissen (z.B. Regen, Kälte, Dunkelheit, etc.)
- Rettung von älteren Personen oder Personen mit Gehbehinderung sowie Kindern im Abstieg über den Leitersatz ist schwierig bis unmöglich.

Tipp:

Aufgrund der zahlreichen Unwägbarkeiten bei der Rettung mehrerer Personen über den aufgelegten Leitersatz (Brückenlast) wie z.B. Absturzgefahr der zu rettenden Personen bzw. möglicher Angstreaktionen (z.B. psychische Blockaden) sollte auch die Rettung mehrerer Personen mittels Rettungskorb erfolgen („Fahrstuhlbetrieb“).

Menschenrettung über Rettungskorb

Bei der Menschenrettung über den Rettungskorb wird das Anleiterziel mit der zu rettenden Person durch eine Einsatzkraft im Korb mit Hilfe der Korbsteuerung angefahren und die zu rettende(n) Person(en) in Sicherheit gebracht. Sind mehrere Personen aus unterschiedlichen Rettungsöffnungen zu retten, erfolgt deren Rettung im „Fahrstuhlbetrieb“, wobei pro Rettungsöffnung die jeweils maximale Zuladung von Personen in den Korb ausgeschöpft wird (z.B. zwei Personen bei 3-Personen-Rettungskorb und innerhalb des 3-Personen-Benutzungsfeldes, zuzüglich der Einsatzkraft). Nach deren Transport zum Boden wird die nächste Personengruppe angefahren usw.

Die Steuerung erfolgt hierbei vornehmlich vom Rettungskorb aus, da hier die beste Übersicht auch an problematischen Anleiterzielen am Gebäude gewährleistet ist (z.B. Dachgaubenfenster, etc.). Hierzu begibt sich der Fahrzeugführer der Drehleiter (oder ein Besatzungsmitglied) der Drehleiter unmittelbar nach der Fahrzeugaufstellung und nach Abschluss des Abstützvorganges über die seitlichen Aufstiegsleitern in den Rettungskorb.

Feuerwehr
6602
MAGIRUS

Abb. 51: Menschenrettung mittels Rettungskorb, Sicherstellung des zweiten Rettungsweges bei Gebäuden.

Abb. 52: Fahrzeugführer steigt nach erfolgter Abstützung des Fahrzeuges über die seitliche Aufstiegsleiter in den Leitersatz und von dort aus in den Rettungskorb. Anschließend kann er zügig die Rettungsöffnung ansteuern.

Atemschutz bei der Menschenrettung

Vorher sollte sich die Einsatzkraft soweit möglich noch einen Pressluftatmer anlegen, um auch unter massiver Rauchbeaufschlagung der Rettungsöffnung (z.B. Fenster über einer Brandwohnung) die Menschenrettung sicher durchführen zu können. Als Mindestausrüstung hierfür ist ein Filtergerät anzusehen.

Der Drehleitermaschinist überwacht vom Hauptbedienstand aus die Rettung und greift ggf. bei gefährlichen Betriebszuständen ein, beispielsweise beim Übersehen von Hindernissen im Bereich des Bewegungsbereiches des Leitersatzes (z.B. Straßenbeleuchtung) durch die im Rettungskorb steuernde Einsatzkraft.

Abb. 53: Ein in den Beifahrersitz integrierter Pressluftatmer. Je nach gemeldeter Lage kann dieser vom Fahrzeugführer noch während der Anfahrt angelegt werden. So entsteht an der Einsatzstelle kein Zeitverzug.

Verfahrensweise bei der Menschenrettung

Beim Anleitern der Rettungsöffnung(en) ist zu beachten, dass diese nicht mit dem Rettungskorb von unten angefahren werden sollten. In diesem Fall bestünde die Gefahr, dass evtl. oberhalb der angefahrenen Rettungsöffnung befindliche gefährdete Personen unkontrolliert in den Rettungskorb hineinspringen und so ggf. die Standsicherheit des Fahrzeuges gefährden oder die sich im Rettungskorb befindliche Einsatzkraft verletzen könnten (siehe auch Kapitel 2.7.4).

Das Anfahren der Rettungsöffnung (z.B. Fenster, Balkon) sollte, wenn möglich, von der Seite her erfolgen. Hierzu wird der Leitersatz soweit aufgerichtet, bis sich der Rettungskorb auf gleicher Höhe wie die anzufahrende Rettungsöffnung befindet. Anschließend wird der Leitersatz in Richtung der Rettungsöffnung gedreht. Ist diese Vorgehensweise aufgrund der örtlichen räumlichen Gegebenheiten nicht möglich (z.B. bedingt durch Hindernisse), sollte die Rettungsöffnung von oben nach unten angefahren werden. Dadurch ist die Einsatzkraft im Rettungskorb vor unerwarteten Panikhandlungen der zu rettenden Person(en) geschützt.

Abb. 54: Anfahren der Rettungsöffnung (gelbe Markierung) von seitlich oben. Hierdurch entsteht maximale Sicherheit für die Korbbesatzung.

Tipps zum Anfahren einer Rettungsöffnung im Rahmen einer Menschenrettung:

- **Anfahren der Rettungsöffnung (z.B. Fenster, Balkon) mit der zu rettenden Person möglichst von der Seite**
- **Wenn ein Anfahren von der Seite her nicht möglich ist, dann Anfahren der Rettungsöffnung mit der zu rettenden Person von oben nach unten**
- **Beim Anfahren der Rettungsöffnung von unten nach oben besteht die Gefahr des Einspringens von verängstigten Personen ⇨ Verletzungsgefahr für die sich im Rettungskorb befindliche Einsatzkraft, evtl. Gefährdung der Standsicherheit der Drehleiter durch Überlastung an der Benutzungsgrenze!**

Ist eine Vielzahl betroffener Personen innerhalb eines kurzen zur Verfügung stehenden Zeitraumes von einem Punkt des Gebäudes zu retten, gibt es unterschiedliche Möglichkeiten.

Handlungsoptionen für die Rettung mehrerer Personen(gruppen)

Zum einen ist es – abhängig von der Einsatzlage – möglich, Personen (gruppen) aus dem unmittelbaren Gefahrenbereich in den Rettungskorb aufzunehmen und sie in einen sicheren Bereich des Gebäudes (z.B. ausreichend weit entfernter, seitlich liegender Balkon in sicherem Bereich ohne Brand- u. Rauchbeaufschlagung) zu verbringen. Hierdurch ergeben sich Zeitvorteile gegenüber der Verbringung der geretteten Personen auf Erdgleiche insbesondere bei hoch gelegenen Rettungsöffnungen (z.B. 7. oder 8. OG). Hierbei sollte bedacht werden, dass diese Personen(gruppen) ggf. von Einsatzkräften dort bis zu ihrer endgültigen Rettung über das Treppenhaus oder ein Hubrettungsfahrzeug betreut werden müssen.

Weiterhin besteht die Möglichkeit der Mitnahme eines Trupps unter umluftunabhängigem Atemschutz (Isoliergerät) beim Anfahren der entsprechenden Rettungsöffnung, wenn die betroffenen Personen dort in Hinblick einer möglichen Brandausbreitung in diesem Bereich sicher sind und dort verbleiben können, also lediglich zur Verhinderung einer Panikreaktion in ihrer Wohneinheit betreut werden müssen. Der Trupp wird an der Rettungsöffnung abgesetzt und betreut diese dort in der für sie gewohnten Umgebung bis zur endgültigen möglichen Rettung, soweit diese notwendig ist. Um die Situation auch bei einer möglichen Rauchausbreitung zu beherrschen, sollte dieser Trupp eine ausreichende Anzahl von Fluchthauben mitführen, um ggf. die zu rettenden Personen zu ihrem Schutz vor Atemgiften damit ausstatten zu können.

Schließlich besteht die Möglichkeit des gleichzeitigen Einsatzes mehrerer Drehleitern und Aufteilung des Gebäudes in Rettungsabschnitte, soweit diese beim Eintreffen zur Verfügung stehen. Hierbei ist zu bedenken, bereits auf der Anfahrt aufgrund des Einsatzstichwortes bzw. der Alarmdurchsage oder der Eintreffmeldung einer bereits an der Einsatzstelle eingetroffenen Einheit ggf. ein zweites Hubrettungsfahrzeug nachzufordern oder alarmieren zu lassen. Bei der Fahrzeugaufstellung an der Einsatzstelle nach Eintreffen der ersten Einheiten ist die Freihaltung der Aufstellfläche für dieses zweite u. U. später eintreffende Hubrettungsfahrzeug sicherzustellen.

Für die zügige Rettung mehrerer Personen(gruppen) aus unterschiedlichen Rettungsöffnungen bestehen folgende Möglichkeiten:

- Rettung der Personen(gruppen) aus dem unmittelbaren Gefahrenbereich und Verbringung in einen sicheren Bereich (z.B. seitlich liegender Balkon in sicherem Bereich)
- Betreuung der Person(en) innerhalb eines vom Brand nicht gefährdeten Bereiches (z.B. Nachbarwohnung) durch einen von der Drehleiterbesatzung abgesetzten Trupp unter umluftunabhängigem Atemschutz mit Fluchthauben
- Einsatz von zwei oder mehr Drehleitern (soweit verfügbar)

3.1.2 Nutzung der Drehleiter als Flucht- und Rettungsweg für Atemschutztrupp („Anleiterbereitschaft“)

Sind innerhalb des Gebäudes Atemschutztrupps im Rahmen der Menschenrettung und/oder Brandbekämpfung eingesetzt, kann die Drehleiter als Flucht- u. Rettungsweg für diese Trupps eingesetzt werden. Dabei stellt eine Drehleiter (oder alternativ ein Teleskopmastfahrzeug)

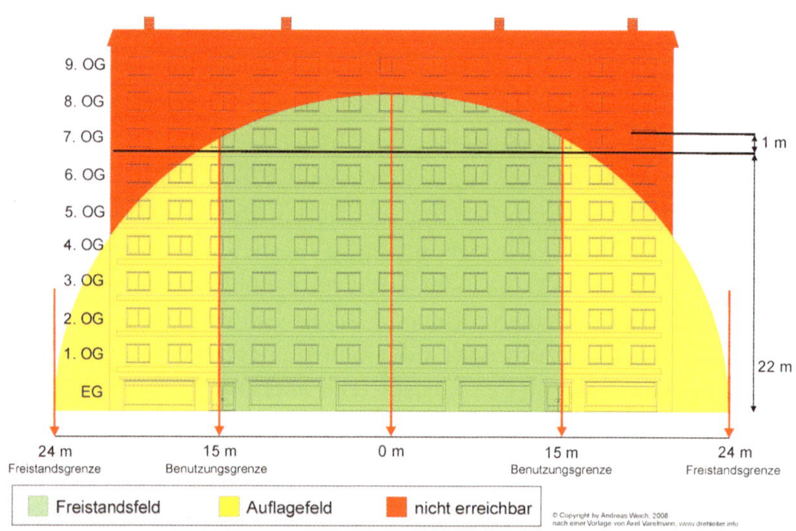

Abb. 55: Die mit einer DLAK 23/12 erreichbare Einsatzfläche an der Gebäudefassade ist deutlich größer als die von tragbaren Leitern. Grafik: Weich (nach Varrelmann)

die effektivste und einzig sichere Möglichkeit dar, einen in Not geratenen Trupp, dem der Rückzugsweg über den baulichen Rettungsweg (z.B. Treppenraum) abgeschnitten ist, schnell aus dem Gebäude zu retten. In Kombination mit tragbaren Leitern (z.B. für die Rettung aus niedrig liegenden Geschossen bzw. auf der mit Fahrzeugen nicht erreichbaren Gebäuderückseite) lässt sich so eine Vielzahl von möglichen Rettungsöffnungen in einem Gebäude abdecken[22].

Gerät ein Trupp durch eine unvorhergesehene und plötzlich auftretende Eskalation der Einsatzlage in Not (z.B. schlagartige Brandausbreitung, Rauchgasdurchzündung in Wohnung), kann sich dieser an einer für ihn zugänglichen Rettungsöffnung (z.B. Fenster, Balkon) bemerkbar machen und mit Hilfe der Drehleiter in Sicherheit gebracht werden.

Vorgehensweise bei Anleiterbereitschaft

Hierfür ist die Drehleiter bei Einsatzbeginn so vor dem Gebäude zu positionieren, dass möglichst viele Rettungsöffnungen (z.B. Fenster, Balkone, Dachluken, etc.) des Gebäudes mit dem Rettungskorb erreicht werden können. Handelt es sich um ein Eckgebäude, so ist es sinnvoll, die Drehleiter an der Gebäudeecke zu positionieren (siehe

[22] Siehe auch Einsatzpraxis „Atemschutznotfallmanagement", Cimolino, Ridder, Lüssenheide, Reeker, Südmersen, Ecomed-Sicherheit 2010

Kapitel 4.2.2). So lassen sich eine große Anzahl von Rettungsöffnungen an der Gebäudefront und an der Vertikalflucht erreichen. Anschließend ist die Drehleiter abzustützen, der Hubrettungssatz in Richtung des Einsatzobjektes zu drehen und auf ca. 45° aufzurichten, dadurch lässt sich dieser bei Bedarf schnell und ohne Zeitverzug auf eine Rettungsöffnung ausrichten.

Abb. 56: Positionierung der Drehleiter an der Gebäudeecke für die Einsatzoption „Anleiterbereitschaft". Grafik: Weich

Das Fahrzeug bleibt bis zum Einsatzende der im Gebäude eingesetzten Atemschutztrupps bei laufendem Fahrzeugmotor in Bereitschaft. Der Hauptbedienstand bleibt während dieses Zeitraums permanent durch den Drehleitermaschinisten besetzt, um im Falle einer Notlage ohne Zeitverzug reagieren zu können.

Um die Erreichbarkeit des Maschinisten für die im Gebäude befindlichen Angriffstrupps sicherzustellen, muss dieser über ein Handsprechfunkgerät für den Einsatzstellenfunk verfügen.

Eine Anleiterbereitschaft an der Einsatzstelle ist stets erst nach der ersten Erkundung durchzuführen. Die erste Einsatzstellenerkundung, insbesondere auch die Erkundung der Gebäudeseiten und der Gebäuderückseite, muss abgeschlossen sein, bevor die Drehleiter an dem ausgewählten Standpunkt für die Sicherstellung einer Anleiterbereitschaft positioniert wird.

Abb. 57a und b: Positionierung der Drehleiter an der Gebäudeecke für die Einsatzoption „Anleiterbereitschaft“. Die Mehrzahl der Rettungsöffnungen in den beiden grün markierten Gebäudeseiten können erreicht werden. Dabei kann die Gebäudeecke mit der Drehleiter auch rückwärts angefahren und beide Gebäudefronten über das Fahrzeugheck angeleitert werden (Abb. b).

Abbildung 58 soll eine mögliche Einsatzsituation darstellen, um diesen Grundsatz zu verdeutlichen. Bei diesem Beispiel ergibt die erste Einsatzstellenerkundung die Erkenntnis, dass sich auf der Gebäuderückseite eine zu rettende Person in einem mit tragbaren Leitern nicht erreichbaren Obergeschoß in Gefahr befindet und eine Aufstellfläche auf der Gebäuderückseite vorhanden ist, die über eine von der Querstraße abzweigende Feuerwehrzufahrt angefahren werden kann. In diesem Fall ist die Drehleiter primär an der Gebäuderückseite für die Menschenrettung erforderlich. Daher ist es sinnvoll, mit der Drehleiter zunächst in ausreichendem Abstand zum betreffenden Gebäude stehenzubleiben und die Ergebnisse der ersten Einsatzstellenerkundung abzuwarten, um die Drehleiter dann dort zu positionieren, wo diese im Erstangriff am nötigsten gebraucht wird (in diesem Einsatzbeispiel für die Menschenrettung).

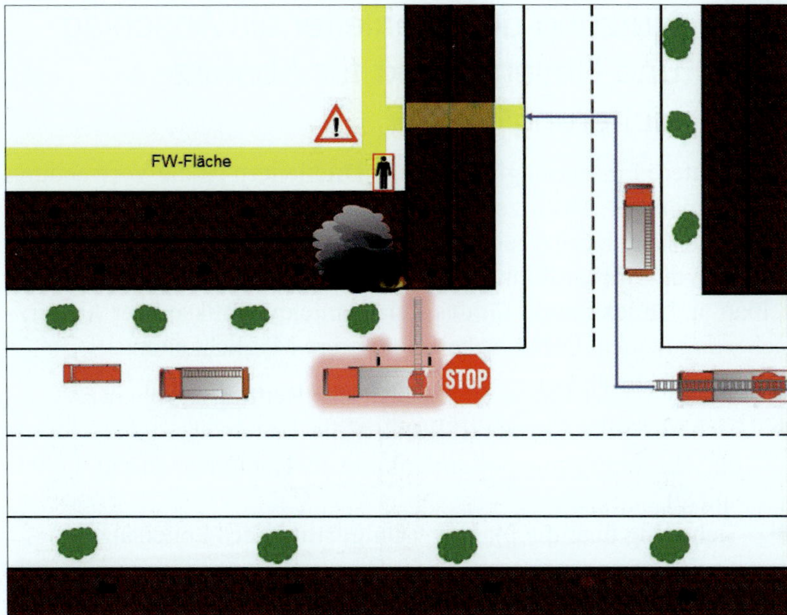

Abb. 58: Stoppen der Drehleiter einige Meter vor der Einsatzstelle, Abwarten der ersten Einsatzstellenerkundung. Auf der Gebäuderückseite befindet sich in einem höher gelegenen Obergeschoss eine Person in Gefahr. Eine Feuerwehraufstellfläche auf der Gebäuderückseite ist über eine Feuerwehrzufahrt (Durchfahrt) in der Nebenstraße erreichbar.

Anleiterbereitschaft der Drehleiter bei Einsatz von Atemschutztrupp(s) innerhalb eines Gebäudes:

- Stoppen der Drehleiter vor der Einsatzstelle
- Durchführung einer ersten Einsatzstellenerkundung (**Gebäuderückseite!**)
- Sicherstellung der Verfügbarkeit der Drehleiter für den Einsatzzweck „Anleiterbereitschaft“
- Fahrzeug vor dem Gebäude abgestützt (Positionierung ggf. über Gebäudeecke)
- Hubrettungssatz möglichst um 90° zur Fahrzeuglängsachse in Richtung Gebäude gedreht
- Aufrichtwinkel von ca. 45°
- Laufender Fahrzeugmotor und besetzter Hauptbedienstand (Maschinist)
- Sicherstellung der Erreichbarkeit des Drehleitermaschinisten (Einsatzstellenkommunikation)

3.1.3 Nutzung der Drehleiter als Anschlag- und Umlenkpunkt für Absturzsicherung[23]

Eine weitere Einsatzmöglichkeit von Drehleitern ist die Verwendung im Rahmen der Absturzsicherung. Insbesondere bei der Durchführung von Nachlöscharbeiten in absturzgefährdeten Bereichen (z.B. infolge von Dachstuhlbränden) kann der Hubrettungssatz als Anschlag- u. Umlenkpunkt für das Kernmanteldynamikseil der Absturzsicherung dienen. Dabei bestehen mehrere Möglichkeiten:

- Sicherung der Einsatzkräfte über den Rettungskorb
- Sicherung der Einsatzkräfte über die Leiterspitze (sog. „Toprope“-Sicherung mit Seilumlenkung in Karabiner an der Leiterspitze)
- Sicherung über die Flanken (Umgurtung) des Leitersatzes

Sicherungsvarianten mit Drehleiter und Gerätesatz Absturzsicherung

Für die Durchführung der Sicherung der Einsatzkraft bzw. der Einsatzkräfte ist mindestens ein Gerätesatz Absturzsicherung nach DIN 14800-17 erforderlich. Die Anzahl der Einsatzkräfte, die über die Drehleiter mit Hilfe eines oder mehrerer Kernmantel-Dynamikseile gesichert werden können, hängt dabei von folgenden Faktoren ab:

- Technische Ausführung der Drehleiter hinsichtlich der möglichen Zuladung im Rettungskorb (z.B. 3-Personen-, 4-Personen- oder 5-Personen-Rettungskorb)
- Wert der erforderlichen Ausladung (Reichweite) des Hubrettungssatzes bei Durchführung der Sicherung
- Erforderliche bzw. geplante Sicherungsvariante (z.B. „Toprope“-Sicherung)
- Anzahl der zur Verfügung stehenden Gerätesätze Absturzsicherung nach DIN 14800-17 bzw. der zur Verfügung stehenden geeigneten PSA gegen Absturz.

[23] Siehe auch „Grundlagen der Absturzsicherung“, 3. Auflage 2015, Wolfgang Werft, Reihe Fachwissen Feuerwehr

Abb. 59: „Toprope-Sicherung" mittels Gerätesatz Absturzsicherung und Drehleiter. Das Sicherungsseil wird über die Lastöse an der Leiterspitze umgelenkt, die Seilbremse (z.B. Halbmastwurfsicherung HMS) wird an einem geeigneten Festpunkt am Fahrgestell oder Drehgestell des Hubrettungssatzes angeschlagen.

ⓘ Bei der „Toprope“-Sicherung wird die Einsatzkraft von oben am gespannten Kernmanteldynamikseil gesichert. Das Sicherungsseil wird über die Leiterspitze umgelenkt, die Seilbremse (z.B. Halbmastwurfsicherung -HMS-) an einem geeigneten Festpunkt an der Drehleiter angeschlagen. Bei korrekter Durchführung ist bei dieser Sicherungsvariante ein freier Fall (Sturz ins Sicherungsseil) ausgeschlossen.

Grundsätze für die Sicherung von Einsatzkräften über die Drehleiter bei Seilumlenkung an Leiterspitze und Sicherung aus dem Rettungskorb heraus:

- Herstellerangaben bzw. Bedienungsanleitung der Drehleiter beachten!
- Grundsätzlich maximale Ausladung des Hubrettungssatzes innerhalb des Benutzungsfeldes mit der maximal zulässigen Korbzuladung (z.B. innerhalb 3-Personen-Belastungsfeld bei 3-Personen-Rettungskorb) ⇨ **Sicherheitsreserven für den Fall eines Sturzes der gesicherten Einsatzkraft in das Seil**
- Permanenter Sichtkontakt zwischen Sicherungsmann und gesicherter Einsatzkraft
- Gesicherte Kommunikation zwischen Drehleitermaschinist, Sicherungsmann und gesicherter Einsatzkraft
- Permanente Nachführung der Leiterspitze durch den Maschinisten bei Bewegung der gesicherten Einsatzkraft auf dem Einsatzobjekt ⇨ Leiterspitze stets senkrecht über der gesicherten Einsatzkraft halten
- Ein freier Fall mit langer Sturzstrecke in das Sicherungsseil (Sturzfaktor > 0) muss ausgeschlossen sein!

■ Sicherung über Rettungskorb (Sicherung aus dem Rettungskorb heraus)

Bei der Sicherung über den Rettungskorb wird die zu sichernde Einsatzkraft von einem Sicherungsmann im Korb gesichert. Als Anschlagpunkt (Festpunkt) für die Halbmastwurfsicherung dient die oberste Sprosse an der Leiterspitze.

An der Korbumrandung wird mit Hilfe einer Bandschlinge und eines Karabiners eine Seilumlenkung eingerichtet, um so eine gute Führung des Sicherungsseiles über die Korbbodenkante zu gewährleisten und die Seilreibung am Korbrand zu minimieren.

Die maximale Ausladung der Drehleiter muss sich innerhalb des Benutzungsfeldes der maximal möglichen Korbzuladung befinden (z.B. 3-Personen-Benutzungsfeld bei 3-Personen-Rettungskorb). Die Grenze dieses Benutzungsfeldes muss permanent eingehalten werden, um im Falle eines Sturzes bzw. Einbruchs der gesicherten Einsatzkraft einerseits die Standsicherheit der Drehleiter nicht zu gefährden und andererseits Beschädigungen des Leitersatzes zu vermeiden.

Während der Arbeiten ist darauf zu achten, dass sich der Rettungskorb stets senkrecht über der gesicherten Einsatzkraft befindet, um im

Abb. 60: Sicherung einer Einsatzkraft auf einem Flachdach aus dem Rettungskorb heraus.

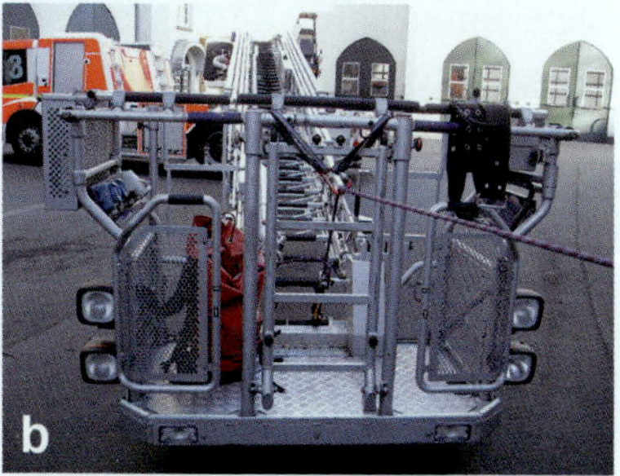

Abb. 61a und b: Anschlagpunkt der Halbmastwurfsicherung an der vordersten Sprosse des Leitersatzes einer Metz/Rosenbauer-Drehleiter, Umlenkung des Sicherungsseils mit Bandschlinge und Karabiner am Korbrand.

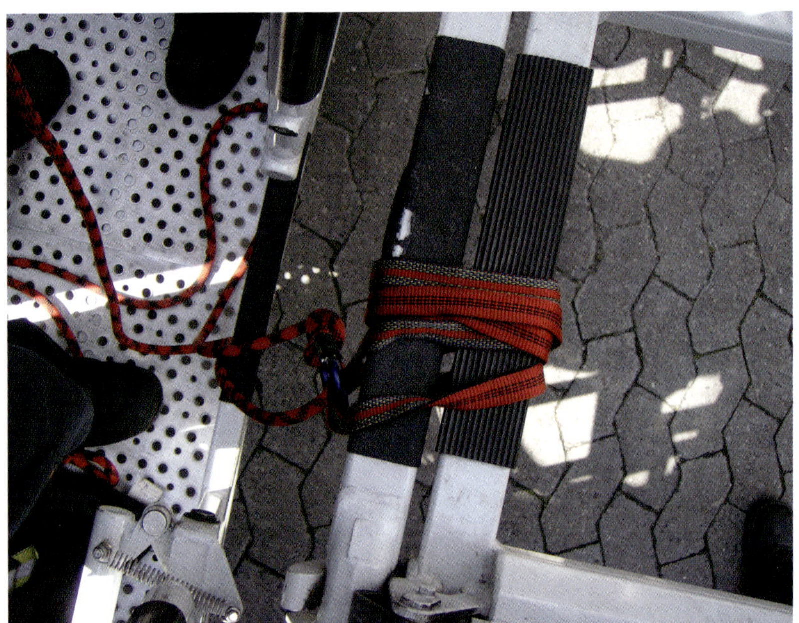

Abb. 62: Anschlagpunkt der Halbmastwurfsicherung an der vordersten Sprosse des Leitersatzes einer Magirus-Drehleiter.

Falle eines Sturzes bzw. eines Einbrechens dieser Einsatzkraft einen unkontrollierten Pendelsturz zu vermeiden. Da der Sicherungsmann im Rettungskorb die Lage des Korbes über der gesicherten Einsatzkraft nicht selbst regeln bzw. korrigieren kann, müssen die hierfür notwendigen Leiterbewegungen durch den Drehleitermaschinisten nach Einweisung durch den Sicherungsmann erfolgen (z.B. über die Gegensprechanlage).

Das Sicherungsseil ist durch den Sicherungsmann im Rettungskorb dabei permanent unter Spannung zu halten, um eine Schlappseilbildung zu verhindern.

Bei der Sicherung einer Einsatzkraft gegen Absturz aus dem Rettungskorb heraus kann eine Einsatzkraft gesichert werden[24].

Der Sicherungsmann im Rettungskorb muss sich selbst gegen Absturz sichern (Einrichtung einer Standplatzsicherung). Hierfür kann er geeignete Anschlagpunkte im Rettungskorb nutzen (siehe Kapitel 2.7.4).

[24] Siehe auch Alpin-Lehrplan Band 5 „Sicherheit am Berg"; Pit Schubert, Pepi Stückl, BLV-Verlagsgesellschaft 2003; Messungen und Forschungen des DAV-Sicherheitskreises zur Belastung der Sicherungskette beim Klettern

Die Sicherung an den Anschlagpunkten im Rettungskorb kann z.B. mittels FW-Haltegurt oder der Selbstsicherungsschlinge eines Integrierten Rettungssystems (IRS) erfolgen. Weiterhin lassen sich als Zubehör selbstblockierende Sicherungsgeräte am Rettungskorb montieren, dessen Karabiner in den FW-Haltegurt, einen Auffanggurt oder in ein Integriertes Rettungssystem (IRS) eingehängt werden können. Bei diesen Sicherungsgeräten lassen sich die Stahlseile oder Bänder abrollen und blockieren im Falle eines beginnenden Sturzes automatisch. Ein Absturz der hiermit gesicherten Einsatzkraft wird so verhindert (siehe auch Kapitel 2.7.4, Abbildung 39).

Abb. 63a und b: Anschlagpunkte für die Selbstsicherung des Sicherungsmannes im Rettungskorb. Die Lastösen haben ein statisches Lastaufnahmevermögen von 100 kg.

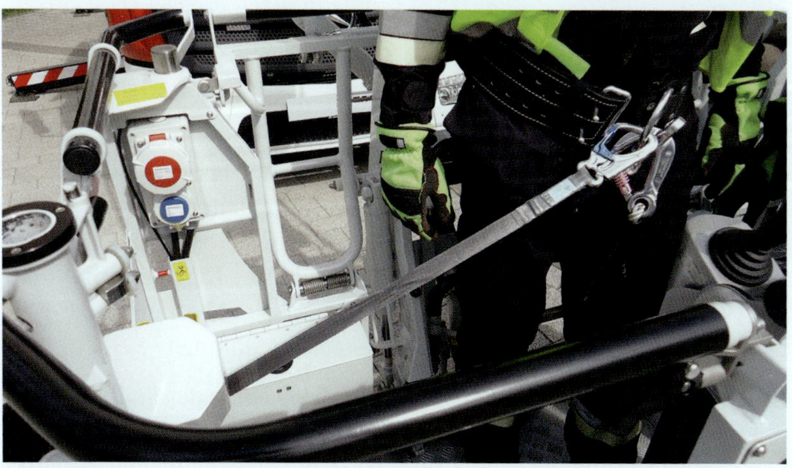

Abb. 64: Anwendung des selbstblockierenden Sicherungsgerätes für die Selbstsicherung des Sicherungsmannes im Rettungskorb.

Grundsätze für die Sicherung einer Einsatzkraft aus dem Rettungskorb heraus:

- Maximale Ausladung der Drehleiter innerhalb des Benutzungsfeldes mit der maximal möglichen Korbzuladung (z.B. 3-Personen-Benutzungsfeld bei 3-Personen-Rettungskorb)
- Anschlagen der Seilbremse (z.B. HMS) an der obersten Sprosse des Leitersatzes
- Seilumlenkung an Korbrand (Korbumrandung)
- Rettungskorb befindet sich während der Sicherungsarbeiten senkrecht über der gesicherten Einsatzkraft (ggf. Nachführen des Korbs durch Drehleitermaschinisten nach Einweisung des Sicherungsmannes im Korb)
- Sicherungsmann hält Seil unter Spannung ⇨ Vermeidung von Schlaffseilbildung!
- **Eine gesicherte Einsatzkraft und ein Sicherungsmann im Korb**
- Selbstsicherung (Standplatzsicherung) des Sicherungsmannes im Rettungskorb an geeigneten Festpunkten im Korb (z.B. mit FW-Haltegurt oder Selbstsicherungsschlinge eines IRS)

■ Sicherung über die Leiterspitze (Leiterspitze als Umlenkpunkt für das Sicherungsseil/die Sicherungsseile, sog. „Toprope"-Sicherung)

Um bei der Sicherung eine größere Ausladung zu erzielen, kann der Rettungskorb abgenommen werden. Weiterhin lassen sich bei entsprechender technischer Ausführung der Drehleiter, z.B. bei 4-Personen-Rettungskorb oder 5-Personen-Rettungskorb am Fahrzeug, hierdurch mehrere Einsatzkräfte (maximal zwei Einsatzkräfte) über die Leiterspitze gegen Absturz sichern. In diesem Fall muss der Rettungskorb zwingend von der Leiterspitze abgenommen werden.

„Toprope"-Sicherung über Drehleiter

Bei dieser Sicherungsvariante erfolgt der Anschlag der Seilbremse(n) (z.B. Halbmastwurfsicherung) des Sicherungsseils bzw. der Sicherungsseile (Kernmantel-Dynamikseil) an einem geeigneten Festpunkt am Fahrzeug (z.B. Anschlagschäkel, Abstützung, Anschlagöse am

Drehgestell, etc.) und die Umlenkung des Sicherungsseils (bzw. der beiden Sicherungsseile) an der Leiterspitze. Dabei lassen sich die Seilumlenkungen entweder mittels Bandschlingen und Karabinern an den obersten Leitersprossen oder an der im Korbboden eingelassenen Lastöse (Magirus-Drehleiter) anbringen (bei Sicherung einer Einsatzkraft).

Abb. 65: Anschlagpunkt der Seilbremse (z.B. Halbmastwurfsicherung) an den Lastösen am Drehgestell einer Magirus-Drehleiter (max. 500 kg).

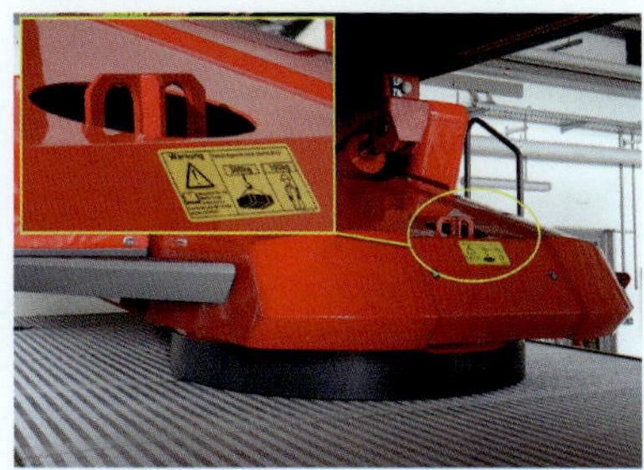

Abb. 66: Anschlagpunkt der Seilbremse (z.B. Halbmastwurfsicherung) an den Lastösen am Drehgestell einer Metz/Rosenbauer-Drehleiter (max. 300 kg).

Abb. 67: Anschlagpunkt der Seilbremse (z.B. Halbmastwurfsicherung) an der Hinterradfelge einer Drehleiter. Hierbei ist ein Kantenschutz für die Bandschlingen erforderlich.

Abb. 68: Anschlagen der Seilbremse (z.B. Halbmastwurfsicherung) am Stützbalken einer Magirus-Drehleiter. Hierbei muss die Bandschlinge mit einer Wolldecke oder ähnlichem vor Schmierfett geschützt werden.

Bei dieser Sicherungsvariante muss sich die Leiterspitze innerhalb des Benutzungsfeldes der maximal möglichen Korbzuladung befinden (z.B. 3-Personen-Benutzungsfeld bei 3-Personen-Rettungskorb).

Auch hier ist die Leiterspitze mit dem Umlenkpunkt des Sicherungsseils immer senkrecht über der gesicherten Einsatzkraft zu halten, um im Sturzfall einen Pendelsturz zu verhindern. Wenn diese für den Drehleitermaschinisten von seinem Bedienstand aus nicht einsehbar ist, muss eine Einsatzkraft mit Einsatzstellenfunk als Einweiser eingeteilt werden.

Als Grundsatz für die Sicherung über die Leiterspitze („Toprope"-Sicherung) gelten folgende Limitierungen hinsichtlich der maximalen Anzahl der zu sichernden Einsatzkräfte:

- Bei Drehleiter mit **3-Personen-Rettungskorb** ⇨ Sicherung **einer** Einsatzkraft
- Bei Drehleiter mit **4-Personen-Rettungskorb/5-Personen-Rettungskorb** ⇨ Sicherung von maximal **zwei** Einsatzkräften ⇨ **Abnahme Rettungskorb zwingend notwendig**[25].

Grundsätze für die Sicherung von Einsatzkräften vom Boden mit Umlenkung des Sicherungsseils über Leiterspitze:

- Sicherung von einer Einsatzkraft (bei 3-Personen-Rettungskorb) oder maximal zwei Einsatzkräften (bei 4-Personen/5-Personen-Rettungskorb ⇨ Abnahme Rettungskorb) möglich
- Ausreichend dimensionierter(e) Anschlagpunkt(e) für Seilbremse(n) (z.B. HMS) am Fahrzeug (z.B. Fahrzeugschäkel, Fahrzeugrahmen, Leiterauflage, Hinterradfelge)
- Umlenkung des Sicherungsseils/der Sicherungsseile an der Leiterspitze (z.B. erste und zweite Sprosse) mittels Bandschlinge(n) und Karabiner(n)
- Leiterspitze (Umlenkung) befindet sich immer lotrecht über der gesicherten Einsatzkraft/den gesicherten Einsatzkräften

[25] Siehe auch Alpin-Lehrplan Band 5 „Sicherheit am Berg"; Pit Schubert, Pepi Stückl, BLV-Verlagsgesellschaft 2003; Messungen und Forschungen des DAV-Sicherheitskreises zur Belastung der Sicherungskette beim Klettern

- Sichtverbindung zwischen Sicherungsmann/Sicherungsmännern und gesicherter Einsatzkraft/gesicherten Einsatzkräften erforderlich! Wenn möglich Sprechkontakt (Funk!)

Sicherungsseil(e) sind permanent unter Spannung zu halten ⇨ Vermeidung von Schlaffseilbildung

Abb. 69a: Umlenkung des Sicherungsseils an der Leiterspitze (z.B. vorderste Leitersprosse oder Rundsprosse bei Metz-Drehleiter).

Abb. 69b: Umlenkung des Sicherungsseils an der im Korbboden eingelassenen Lastöse einer Magirus-Drehleiter.

Abb. 69c: Stahlösen an der Leiterspitze als Anschlagpunkte für die Umlenkung des Sicherungsseiles (hier bei Magirus-Drehleiter). Hier können Stahlkarabiner eingehängt werden.

Abb. 69d: Stahltraverse an der Leiterspitze als Anschlagpunkt für die Umlenkung des Sicherungsseils (hier bei Metz/Rosenbauer-Drehleiter). Hier können Stahlkarabiner eingehängt werden.

Sicherung mehrerer Einsatzkräfte über den Leitersatz

Sicherung mehrerer Einsatzkräfte über Leitersatz

Ist die gleichzeitige Sicherung mehrerer Einsatzkräfte (Sicherung von mehr als zwei Einsatzkräften) über den Hubrettungssatz der Drehleiter erforderlich, besteht die Möglichkeit des Auflegens des Leitersatzes auf das Einsatzobjekt (z.B. Satteldach). Da dieser in diesem Fall nicht mehr im Freistand belastet wird und auf einer großen Fläche aufliegt, ist ein Umstürzen der Drehleiter auch beim gleichzeitigen Sturz mehrerer gesicherter Einsatzkräfte ausgeschlossen.

Bei dieser Sicherungsvariante wird der Leitersatz auf die benötigte Länge ausgefahren und auf dem Objekt (z.B. Gebäudedach) aufgelegt. Anschließend wird der Fahrzeugmotor abgestellt und die zu sichernden Einsatzkräfte (mit angelegten und ins Sicherungsseil eingebundenen Auffanggurten) steigen im Leitersatz zur Arbeitsstelle auf. In Höhe der Arbeitsstelle erfolgt das Anlegen einer Bandschlinge mit Karabiner an der seitlichen Umgurtung des Leitersatzes zur Umlen-

Abb. 70: Aufbau des Sicherungsseiles für die Sicherung mehrerer Einsatzkräfte an einer Drehleiter. Der Leitersatz wird auf das Objekt aufgelegt, anschließend erfolgt der seitliche Ausstieg der Einsatzkräfte. Die Umlenkung des Sicherungsseiles erfolgt an den Streben der Umgurtung.

kung des Sicherungsseiles bzw. der Sicherungsseile. Nach Einlegen der Halbmastwurfsicherung durch die sichernden Einsatzkräfte am Boden erfolgt der Ausstieg auf das Objekt (z.B. Hausdach).

Wenn sich die gesicherten Einsatzkräfte auf dem Objekt im senkrechten oder waagerechten Vorstieg vom Hubrettungssatz wegbewegen, müssen sie in entsprechenden Abständen Zwischensicherungen legen.

Während der gesamten Dauer der Arbeiten muss der Fahrzeugmotor der Drehleiter abgeschaltet bleiben, um Bewegungen des Hubrettungssatzes zu verhindern. Durch das Aus- oder Einfahren der Leiterteile bestünde die Gefahr des Abscherens der Bandschlingen der Seilumlenkungen an den seitlichen Umgurtungen des Leitersatzes.

Eine weitere Sicherungsmöglichkeit unter Zuhilfenahme des Hubrettungssatzes ist die Sicherung mehrerer Einsatzkräfte mit Nahbereichssicherungen (Doppelstrang-Verbindungsmittel mit Bandfalldämpfer nach EN 354 und EN 355) an der seitlichen Umgurtung des Leitersatzes. Diese sind optionaler Bestandteil des Gerätesatzes Absturzsicherung nach DIN 14800-17.

Hierfür wird der Leitersatz wie vorstehend beschrieben auf die erforderliche Länge (Länge der zu begehenden Dachfläche) ausgefahren und auf dem Gebäudedach aufgelegt. Anschließend wird der Fahrzeugmotor abgestellt und die vorgehenden Einsatzkräfte steigen im Leitersatz auf. An den entsprechenden Ausstiegsstellen haken sie die Gerüsthaken der Nahbereichssicherung an den Streben der Umgurtung ein und klettern auf das Dach.

Der Nachteil dieser Sicherungsvariante liegt in dem eng begrenzten Bewegungsbereich der gesicherten Einsatzkräfte, die durch die Schlingenlänge der Nahbereichssicherung bedingt ist (ca. 1,20 m – 1,50 m).

Abb. 71: Sicherung mit Seilumlenkung über die Flanken des Leitersatzes einer Metz-Drehleiter. Die Sicherung erfolgt durch eine Einsatzkraft am Boden. Hinweis: Als Hilfe für die Fortbewegung auf der Dachfläche kann eine Steckleiter in die Leiterhaken eingehängt werden (soweit vorhanden).

Abb. 72: Darstellung der Sicherung über die Flanken des Leitersatzes mit Hilfe von Nahbereichssicherungen mit integriertem Falldämpfer. Die Karabinerhaken der Nahbereichssicherungen werden in die Streben der seitlichen Umgurtung des Leitersatzes eingehängt.

Grundsätze für die Sicherung von Einsatzkräften an der seitlichen Umgurtung des Hubrettungssatzes mit Nahbereichssicherungen:

- Maximale Abstützbreite der Drehleiter ausnützen
- Auflegen des Hubrettungssatzes auf dem Gebäudedach nach Ausfahren des Leitersatzes auf die erforderliche Länge (Länge der zu begehenden Dachfläche)
- Abstellen des Fahrzeugmotors vor dem Aufsteigen der zu sichernden Einsatzkräfte
- Bedienstand der Drehleiter bleibt während der Dauer der Arbeiten vom Maschinisten besetzt!

Einhängevorrichtung am Rettungskorb

Einhängevorrichtung für Rettungskorb

Die von den Drehleiterherstellern angebotene Einhängevorrichtung für ein Abseilgerät, welche in den entsprechenden Aufnahmevorrichtungen am Rettungskorb montiert werden kann, ist für die Verwendung als Umlenkung und Festpunkt der Absturzsicherung nicht geeignet. Sie weist in der Regel eine zu geringe mögliche Lastaufnahme auf, um das auftretende Lastmoment im Falle eines Sturzes der über das Seil gesicherten Einsatzkraft sicher aufnehmen zu können.

Abb. 73: Der Aufsteckbügel „Safety Peak®" ist als Umlenkung für das Sicherungsseil sowie als Anschlagpunkt für die Seilbremse (z.B. HMS) gut geeignet.

Eine Ausnahme bildet hierbei das System „Safety Peak®" der Fa. Magirus, welches ein Lastaufnahmevermögen von 300 kg aufweist. Dieser Aufsteckbügel für das Einstecken an zwei Aufnahmepunkten am Rettungskorb kann als Anschlagpunkt für eine Seilbremse (z.B. Halbmastwurfsicherung) oder als Umlenkpunkt für das Sicherungsseil eingesetzt werden.

3.1.4 Beleuchtung von Einsatzstellen

Mittels der am Hubrettungssatz und am Rettungskorb angebrachten Scheinwerfer (LED- o. Halogenausführung) können Einsatzstellen großflächig von oben ausgeleuchtet werden. Dabei lässt sich unter idealen Voraussetzungen eine nahezu schattenfreie Ausleuchtung einer Einsatzstelle erreichen.

Abb. 74: Ausleuchtung einer Einsatzstelle mit vier Halogenscheinwerfern (1.000 W) sowie den beiden am unteren Leiterteil montierten 24 V-Scheinwerfern.

Abb. 75: Ausleuchtung mit zwei am Korb montierten Halogenscheinwerfern bei einer Personenrettung von einem Baugerüst mittels Schleifkorbtrage.

3.1.5 Einsatz zur Brandbekämpfung

Brandbekämpfung mit der Drehleiter

Wird die Drehleiter zur direkten Brandbekämpfung eingesetzt, bestehen folgende Möglichkeiten:

- Brandbekämpfung mit am Rettungskorb montiertem Wenderohr (Wasserwerfer)
- Brandbekämpfung mit handgeführtem C-Strahlrohr
- Brandbekämpfung mit Schaumrohr (Schwer- bzw. Mittelschaumrohr)
- Brandbekämpfung mittels Leichtschaumgenerator (z.B. FlexiFoam®-System)
- Einsatz von Löschnägeln („Fognails®") über den Rettungskorb der Drehleiter (z.B. Brandbekämpfung in schwer zugänglichen Dachbereichen)[26].

Je nach Einsatzlage oder benötigter Wasserlieferung kann das am Rettungskorb installierbare Wenderohr oder ein handgeführtes C-Hohlstrahlrohr eingesetzt werden. Das C-Hohlstrahlrohr wird aus dem Rettungskorb heraus eingesetzt. Weiterhin ist der Einsatz von Mittel- u. Schwerschaumrohr in Kombination mit dem Wenderohr der Drehleiter möglich, wenn Schaum als Löschmittel benötigt wird. Wird Leichtschaum als Löschmittel, z.B. zum Fluten größerer Räumlichkeiten aus erhöhter Position, benötigt, kann ein Leichtschaumgenerator (z.B. FlexiFoam®-System) mittels einer speziellen Halterung an der Leiterspitze oder am Rettungskorb angebracht werden.

Einsatz des Wasserwerfers (Wenderohr)

Wenderohr

Ein Wasserwerfer bzw. Wenderohr (mit Hohlstrahl- o. Vollstrahldüse) sollte nur bei Großbränden mit entsprechender Energiefreisetzung eingesetzt werden, z.B. beim Vollbrand einer Lagerhalle. Der Einsatz von Wasserwerfern bei Bränden in Wohngebäuden (z.B. Dachstuhlbrand) ist aufgrund der großen ausgebrachten Löschwassermenge pro Zeiteinheit und dem damit zu erwartenden Wasserschaden im Wohngebäude kritisch zu hinterfragen[27].

Für diesen Zweck ist auch die Montage eines B-Hohlstrahlrohres an der B-Kupplung des Werfers möglich.

Die Vorteile des Einsatzes eines B-Hohlstrahlrohres oder einer Hohlstrahldüse liegen in der großflächigen Verteilung des Löschwasser-

[26] Siehe auch „Brandbekämpfung in besonderen Lagen", Cimolino, de Vries, Fuchs, Lagberg, Südmersen; Reihe Standard-Einsatz-Regeln, Ecomed-Sicherheit 2016

[27] Siehe auch Dossier der Landesfeuerwehrschule Baden-Württemberg, Bruchsal: „Hinweise für den Einsatzleiter: Dachstuhlbrände", Ausgabe August 2012; www.lfs-bw.de/Fachthemen/Einsatztaktik-fuehrung/loescheinsatz/Documents/Hinweise_Dachstuhlbraende.pdf

stromes. Mit Hilfe des Sprühstrahles der Hohlstrahldüse kann eine effektive Brandbekämpfung bei einer Minimierung des entstehenden Wasserschadens durchgeführt werden. Die Verwendung eines B-Hohlstrahlrohres ermöglicht die Verringerung der ausgebrachten Löschwassermenge pro Zeiteinheit.

Wird ein B-Hohlstrahlrohr anstelle der Hohlstrahldüse am Wenderohraufsatz verwendet, lässt sich dadurch auch der Wasserverbrauch drosseln, was insbesondere in der Anfangsphase von Großbränden (noch keine ausreichende Wasserversorgung) hilfreich sein kann. Diese Konfiguration lässt auch den Einsatz eines ergänzenden C-Hohlstrahlrohres vom C-Abgang des Wenderohraufsatzes zu, wodurch aus dem Rettungskorb heraus eine umfassende und relativ präzise Brandbekämpfung ermöglicht wird. Voraussetzung hierbei ist, dass die herstellerseitig vorgeschriebene maximale Wasserabgabe über den Hubrettungssatz nicht überschritten wird. Der Sprühstrahl einer Hohlstrahldüse lässt sich beispielsweise für den Objektschutz bei Brandeinsätzen (Verhinderung einer Brandausbreitung durch Kühlen von Nachbargebäuden) einsetzen.

Abb. 76: Wenderohr mit aufgesetzter Hohlstrahldüse mit großem Wasserdurchfluss zur großflächigen oder punktuellen Ausbringung des Löschwassers.

Durch entsprechende Strahlverstellung lässt sich weiterhin ein kompakter Vollstrahl mit großer Wurfweite für die Brandbekämpfung über weite Entfernungen erzielen.

Wird bei einem Industriebrand (z.B. Fabrikhalle, Lagerhalle, etc.) ein Wasserwerfer von der Drehleiter aus eingesetzt, so muss darauf geachtet werden, dass das Fahrzeug in ausreichendem Abstand zum Brandobjekt bzw. zum Brandherd positioniert werden. Dies ist notwendig, um beim Einsturz oder Absturz von Bauteilen des Gebäudes außerhalb des Trümmerschattens zu bleiben (siehe Kapitel 2.7.4).

In diesem Einsatzfall muss die maximale Wurfweite des Wasserwerfers bestmöglich ausgenutzt werden. Weiterhin ist auf eine reibungslose und klemmfreie Schlauchführung des B-Schlauches an der Basis des Leitersatzes zu achten. Dies kann beispielsweise dadurch erreicht werden, dass die Drehleiter in

Abb. 77: Wenderohr mit aufgesetztem B-Hohlstrahlrohr zur effektiven Ausbringung des Löschwassers und mehrstufigen Einstellmöglichkeit des Volumenstromes.

der Fahrzeuglängsachse auf das Brandobjekt ausgerichtet wird. Weitere Möglichkeiten sind die parallele Positionierung der Drehleiter zum Einsatzobjekt bzw. die Positionierung des Fahrzeugs über die Gebäudeecke.

Der Rettungskorb ist außerhalb des direkten Gefahrenbereiches über dem Brandobjekt zu halten, d.h. der Rettungskorb darf sich maximal über der Gebäudeaußenwand befinden. Würde der Rettungskorb weit in die Brandstelle innerhalb der Gebäudeaußenwände hineinragen, bestünde für die im Rettungskorb befindlichen Einsatzkräfte je nach Brandintensität und Brandentwicklung eine große Gefahr durch die aufsteigende Wärme des Brandes, durch Wärmestrahlung und durch Stichflammen oder möglicherweise auch Explosionen (z.B. bei Lagerung von Druckgasflaschen oder Behältnissen mit brennbaren Flüssigkeiten im Brandgebäude).

Abb. 78: Klemmfreie Schlauchführung an der Basis des Leitersatzes durch geschickte Fahrzeugaufstellung.

Hinweise und Tipps für den Einsatz eines Wasserwerfers (Wenderohr):

- Bei Einsatz eines Wasserwerfers für die Brandbekämpfung ist auf die Sicherstellung einer ausreichenden Löschwassermenge zu achten (z.B. Überflurhydrant oder Ansaugen über offenes Gewässer)
- Volumenstrom kann bis zu 2000 l/min erreichen (je nach Typ des eingesetzten Wasserwerfers)
- Pro Wasserwerfer/Drehleiter ist für die Löschwasserversorgung mindestens ein HLF/LF 20 vorzusehen
- In der B-Zuleitung zum Wasserwerfer ist ein separater Verteiler B-CBC vorzusehen und so einzukuppeln, dass die B-Leitung auf dem Leitersatz entwässert werden kann
- Ggf. Anbringung eines B-Hohlstrahlrohres an der Kupplung des Wasserwerfers ⇨ Reduzierung des Volumenstromes und damit auch der Wasserschäden
- Bei Industriebränden maximale Wurfweite des Wasserwerfers ausnutzen, Rettungskorb und Leitersatz außerhalb des Gefahrenbereiches über der Brandstelle halten!
- Leitersatz nur soweit ausfahren wie notwendig
- Klemmfreie und reibungslose Schlauchführung sicherstellen

■ Einsatz eines C-Strahlrohres (Hohlstrahlrohr)[28]

Brandbekämpfung mit C-Hohlstrahlrohr

Bei Einsatz eines handgeführten C-Hohlstrahlrohres aus dem Korb lässt sich das Löschwasser gezielter als mit einem Wasserwerfer (Wenderohr) auf das Brandobjekt ausbringen. Hierdurch lässt sich ein möglicher Wasserschaden weiter minimieren.

Ein weiterer Vorteil liegt in der Möglichkeit der Durchführung eines sogenannten qualifizierten Außenangriffes, beispielsweise aus dem Korb einer Drehleiter heraus durch ein bereits zerstörtes Fenster einer Brandwohnung in den Brandraum hinein. Diese Möglichkeit bietet sich insbesondere bei Vorliegen folgender Faktoren an:

[28] Siehe auch „Brandbekämpfung in besonderen Lagen“, Cimolino, de Vries, Fuchs, Lagberg, Südmersen, Reihe Standard-Einsatz-Regeln, Verlag Ecomed, 2016

- die Wohnungstüre zur Brandwohnung ist noch geschlossen und intakt
- es befindet sich sicher keine Person mehr in der Brandwohnung
- es handelt sich um einen fortentwickelten Zimmerbrand/Wohnungsbrand
- der Flur vor der Brandwohnung und der Treppenraum sind noch komplett rauchfrei

Bei der vorstehend beschriebenen Einsatzlage kann durch einen Außenangriff mit C-Hohlstrahlrohr aus dem Drehleiterkorb heraus das Feuer zunächst gebrochen und anschließend im Innenangriff durch die Zugangstüre unter Einsatz eines Hochdrucklüfters endgültig gezielt abgelöscht werden.

Auf diese Weise lässt sich auch der Flammenüberschlag und damit die Ausbreitung des Brandes auf die über der Brandwohnung befindliche Wohneinheit verhindern. Dies kann insbesondere bei höheren Gebäuden unterhalb der Hochhausgrenze sinnvoll sein, wenn beispielsweise eine Wohneinheit im 7. OG in Brand steht. In einem solchen Fall kann durch einen gezielten Außenangriff mit einem C-Hohlstrahlrohr aus dem Korb der Drehleiter heraus eine Ausbreitung auf die Wohneinheiten im 8. OG und ggf. die darüber liegende Dachkonstruktion verhindert werden.

Je nach den vorliegenden Gegebenheiten ist diese Vorgehensweise auch bei Hochhäusern bis zum 10. oder 11. OG (je nach Ausführung der Geschosse des Gebäudes) möglich, wenn vor dem Gebäude eine geeignete Aufstellfläche vorhanden ist (welche nach Baurecht nicht notwendig ist, aber in einigen Fällen vorhanden sein kann).

Eine weitere sinnvolle Einsatzmöglichkeit eines handgeführten C-Hohlstrahlrohres ist die gezielte Brandbekämpfung bei einem aufgebrannten Dachstuhlbrand in einem Wohngebäude. Dabei lässt sich mit einem entsprechendem C-Hohlstrahlrohr (Wasserdurchflussmenge ≥ 200 l/min) von außen eine gezielte Brandbekämpfung zur Unterstützung eines Innenangriffes durchführen. Dabei ist es wichtig, dass der Außenangriff über die Drehleiter in Absprache mit dem Innenangriff des/

Abb. 79: Unterbringung eines Einreißhakens in Halterung am ersten Leiterteil des Leitersatzes einer Drehleiter (Feuerwehr Küssnacht am Rigi, Schweiz).

der Trupps durchgeführt wird. Keinesfalls darf durch den Außenangriff über die Drehleiter der innerhalb des Dachstuhles eingesetzte Trupp gefährdet werden. Mit Hilfe des aus dem Rettungskorb handgeführten C-Hohlstrahlrohres lassen sich gezielt brennende Dachbalken und Sparren, insbesondere im Bereich von Brandmauern im Übergangsbereich zu Nachbargebäuden ablöschen. Hierdurch kann eine Riegelstellung aufgebaut werden, um ein Übergreifen auf benachbarte Dachstühle zu verhindern[29].

Weiterhin lässt sich bei einem Dachstuhlbrand (noch nicht aufgebrannt) der oder die im Innenangriff vorgehende(n) Trupp(s) von außen dadurch unterstützen, indem vom Korb einer Drehleiter aus die Dachhaut geöffnet wird, um ein Abziehen des Brandrauches und der Brandwärme aus dem Innern des Dachstuhles zu unterstützen. Hierfür kann ein geeigneter Einreißhaken (z.B. Kunststoffausführung mit Spatengriff) eingesetzt werden; der Innenangriff wird dadurch wirkungsvoll unterstützt. In diesem Fall wird ein C-Hohlstrahlrohr als Eigensicherung des Trupps im Rettungskorb der Drehleiter mitgeführt.

Für den Einsatz eines handgeführten C-Strahlrohres sind folgende Ausrüstungsgegenstände notwendig:

- B-Schlauch mit 35 m Länge (alternativ C-Schlauch)
- Zugentlastung für die Fixierung des Schlauches an einer Sprosse der Leiterspitze mit entsprechender Kupplung (B oder C)
- Schnellschlussventil an der Zugentlastung (B- bzw. C-Schnellschlussventil)
- C-Kurzschlauch mit einer Länge von 1,50 m – 2,00 m
- C-Strahlrohr (bevorzugt C-Hohlstrahlrohr)
- Ggf. Übergangsstück B-C

Alternativ kann die Wasserversorgung auch über den aufgebauten Wasserwerfer (Wenderohr) an der Korbhalterung sichergestellt werden. Der Anschluss des C-Hohlstrahlrohres erfolgt an dem absperrbaren C-Anschluss des Wasserwerfers. Hierfür muss allerdings der komplette Aufbau des Wasserwerfers einschließlich des 35 m langen B-Schlauches, der Zugentlastung und des formstabilen Druckschlauches durchgeführt werden, was relativ zeitaufwendig ist und wofür

[29] Siehe auch Dossier der Landesfeuerwehrschule Baden-Württemberg, Bruchsal: „Hinweise für den Einsatzleiter: Dachstuhlbrände", Ausgabe August 2012; www.lfs-bw.de/Fachthemen/Einsatztaktik-fuehrung/loescheinsatz/Documents/Hinweise_Dachstuhlbraende.pdf

die Möglichkeit des seitlichen Ablegens des Leitersatzes gegeben sein muss. Dies kann insbesondere bei Drehleitern ohne Gelenkarm in engen Straßen in kompakt bebauten Innenstadtbezirken Schwierigkeiten ergeben.

Abb 80: Vorhaltung eines C-Hohlstrahlrohres in einem Metallkasten innerhalb des Rettungskorbes einer Magirus-Drehleiter.

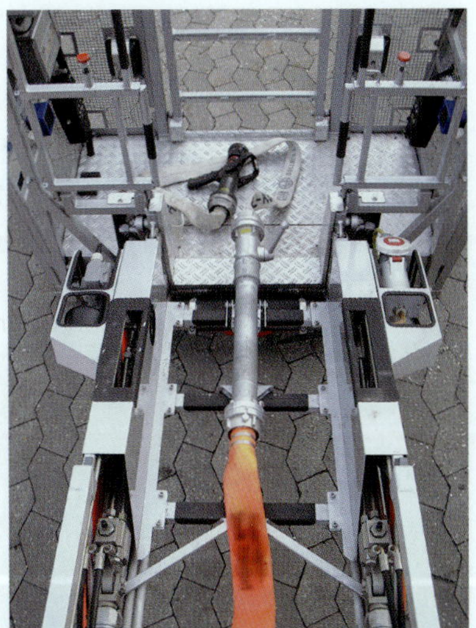

Abb. 81: Montiertes C-Hohlstrahlrohr mit 1,50 m langem Kurzschlauch, angeschlossen an Zugentlastung mit C-Kupplung und auf dem Leitersatz verlegtem C-Druckschlauch mit einer Länge von 35 m. An der Zugentlastung ist ein Schnellverschlussventil fest angebracht.

Ein Innenangriff über den Rettungskorb einer Drehleiter sollte vermieden und wenn überhaupt nur in Ausnahmefällen durchgeführt werden. Beim Vorgehen mit einem C-Rohr aus dem Korb einer Drehleiter heraus durch ein Fenster oder eine Balkontüre in eine in einem Obergeschoß liegende Brandwohnung hinein ergeben sich folgende Schwierigkeiten bzw. Gefahren:

- Die Drehleiter steht nicht mehr für eine ggf. im weiteren Einsatzverlauf notwendige Menschenrettung zur Verfügung (Blockierung durch die verlegte Schlauchleitung)
- Der Fahrzeugmotor muss aus Sicherheitsgründen abgestellt werden (Verhinderung unbeabsichtigter Bewegungen des Hubret-

tungssatzes und damit Beschädigung der Drehleiter oder der Schlauchleitung)

- Bei einer möglichen Eskalation der Lage (z.B. Rauchgasdurchzündung innerhalb der Brandwohnung/Nutzungseinheit) kann die Drehleiter als einzige Rückzugsmöglichkeit für den im Gebäude eingesetzten Angriffstrupp nicht mehr genutzt werden (Blockierung durch die verlegte Schlauchleitung) ⇨ **der Angriffstrupp kann nicht mehr schnell in Sicherheit gebracht werden, da die Schlauchleitung nicht ausreichend schnell zurückgebaut werden kann**

Aus den genannten Gründen sollte ein Innenangriff über ein Hubrettungsfahrzeug unterbleiben.

Hinweise und Tipps für den Einsatz eines C-Hohlstrahlrohres:

- Einsatz des C-Hohlstrahlrohres bei Wohnungsbränden zur Verhinderung eines Flammenüberschlages und einer Brandausbreitung in weitere Obergeschosse
- Einsatz des C-Hohlstrahlrohres bei Dachstuhlbränden zum gezielten Ablöschen von brennenden Dachstuhlelementen (Q > 200 l/min)
- **Kein Innenangriff mit C-Rohr über den Korb einer Drehleiter ⇨ Sicherstellung der Durchführbarkeit ggf. notwendiger Rettungsmaßnahmen mithilfe der Drehleiter (Menschenrettung, Rettung in Not geratener Trupps im Innenangriff)**
- Besatzung im Rettungskorb trägt immer umluftunabhängigen Atemschutz (Pressluftatmer)

Einsatz eines Schaumrohres (Mittel- o. Schwerschaumrohr)

Brandbekämpfung mit Schaumrohr

Wird an der Einsatzstelle Schwer- o. Mittelschaum für die Brandbekämpfung an erhöhter Stelle benötigt (z.B. Ablöschen eines Dachflächenbrandes), kann das Schaummittel-Wasser-Gemisch über den 35 m langen B-Schlauch im Hubrettungssatz dorthin befördert werden. Die Abnahme des Löschmittels erfolgt über die B-Kupplung des Wasserwerfers (Wenderohr), an der direkt ein Schaumrohr (Schwer- o.

Mittelschaumrohr) angekuppelt werden kann. Auf diese Weise lässt sich auch eine direkte Brandbekämpfung von oben auf ein darunterliegendes Brandobjekt, beispielsweise mit einem Schwerschaumrohr, durchführen.

Abb. 82: An der Kupplung des Wenderohres montiertes Kombischaumrohr SM 4 (Schwerschaum/ Mittelschaum.

Mit einem Schwerschaumrohr (S4) lassen sich darüber hinaus bei der direkten Brandbekämpfung größere Wurfweiten erzielen.

Der Einsatz eines Mittelschaumrohres eignet sich wiederum besser für das Abdecken von Glutnestern in schwer zugänglichen Bereichen aus erhöhter Position bzw. für die Flutung von schwer zugänglichen Bereichen mit Mittelschaum (z.B. schwer zugängliche Dachkonstruktionen, Nachlöscharbeiten bei eingestürzten Lagerhallen).

Liegt die Brandstelle weiter entfernt wie beispielsweise auf einer großen Dachfläche, besteht die Möglichkeit, weitere B-Schlauchleitungen an die B-Kupplung des Wenderohrs anzuschließen. Hierdurch lässt sich das Schaumrohr auch weit abgesetzt von der Drehleiter einsetzen. In diesem Fall wird der Leitersatz der Drehleiter praktisch als Löschmittelbrücke eingesetzt, sie ist dann allerdings für weitere Aufgaben (z.B. Menschenrettung) blockiert, kann jedoch als Rückzugsweg für die vor Ort am Dach eingesetzten Trupps genutzt werden.

Bei Verwendung eines Z-Zumischers darf der Druckhöhenverlust zwischen Zumischer und Schaumrohr maximal 2 bar betragen. Dies bedingt eine maximale Höhe des Schaumrohres von ca. 20 m über Grund (maximale Arbeitshöhe des Rettungskorbes mit montiertem Wasserwerfer und Schaumrohr ca. 20 m).

Darüber hinaus ist der am Zumischer entstehende Druckverlust von ca. 25 % -28 % des Pumpenausgangsdruckes zu beachten. Für eine ausreichende Schaumqualität ist ein minimaler Eingangsdruck am Schaumrohr von 5 bar erforderlich.

Abb. 83: Einsatz eines Mittelschaumrohres über den Rettungskorb einer Drehleiter an einem Tanklager im Rahmen einer Ausbildung.

Abb. 84: An der Kupplung des Wenderohres montiertes Schwerschaumrohr S4.

Wird das Schaummittel durch eine der Feuerlöschkreiselpumpe nachgeschalteten Schaummittelpumpe zugemischt, kann der Löschschaum auch bei maximal ausgefahrenem Leitersatz abgegeben werden. In diesem Fall muss lediglich der Ausgangsdruck der Feuerlöschkreiselpumpe so hoch eingestellt werden, dass am Schwer- o. Mittelschaumrohr ein Eingangsdruck von mindestens 5 bar erreicht wird.

Für die Einspeisung eines über die Drehleiter eingesetzten Schaumrohres ist mindestens ein HLF/LF 10 vorzusehen, welches nur dieses Schaumrohr speist. Eine parallele Vornahme von handgeführten Rohren (z.B. C-Hohlstrahlrohr oder Schaumrohr) vom gleichen Löschfahrzeug ist nicht praktikabel, da für das über die Drehleiter eingesetzte Schaumrohr ein hoher Pumpenausgangsdruck erforderlich ist (mind. 5 bar Eingangsdruck am Schaumrohr). Dieser hohe Pumpenausgangsdruck kann für den Betrieb eines handgeführten Strahlrohres zu hoch sein und ggf. eine Gefahr für die Einsatzkräfte am Strahlrohr darstellen.

Hinweise und Tipps für Einsatz von Schaumrohren über Drehleiter:

- Es gelten die allgemeinen Einsatzgrundsätze für den Einsatz von Löschschaum.
- Bei Einsatz eines Schaumrohres (Mittel/Schwerschaum) für die Brandbekämpfung ist auf die Sicherstellung einer ausreichenden Löschwassermenge zu achten (z.B. Überflurhydrant oder Ansaugen über offenes Gewässer).
- Volumenstrom kann bis zu 800 l/min erreichen (je nach Typ des eingesetzten Schaumrohres).

- Pro Schaumrohr/Drehleiter ist für die Löschwasserversorgung mindestens eine FP eines HLF 10 bzw. LF 10 vorzusehen.
- Separate Speisung von Schaumrohr und weiteren handgeführten Rohren (Verwendung von mind. zwei Feuerlöschkreiselpumpen).
- Bei Einsatz des Wenderohres ist es sinnvoll, ein Löschfahrzeug mit maschineller Schaumzumischung einzusetzen. Dadurch kann wenn nötig die gesamte Ausfahrlänge des Leitersatzes der Drehleiter genutzt werden.
- In der B-Zuleitung zum Wenderohr ist ein separater Verteiler B-CBC vorzusehen und so einzukuppeln, dass die B-Leitung auf dem Leitersatz entwässert werden kann.

Einsatz eines Leichtschaumgenerators (z.B. FlexiFoam®-System)

Einsatz eines FlexiFoam®-Schaumgenerators

Eine weitere Einsatzmöglichkeit für den Einsatz einer Drehleiter zur Brandbekämpfung ist der Einsatz eines Leichtschaumgenerators über den Hubrettungssatz der Drehleiter. Hier hat sich in den vergangenen Jahren das sogenannte „FlexiFoam®-System“[30] bewährt. Dieser Leichtschaumgenerator wurde u.a. bereits von den Feuerwehren Düsseldorf, Köln und Paderborn erfolgreich eingesetzt.

Mit Hilfe des Leichtschaumgenerators „FlexiFoam®“ ist es beispielsweise möglich, große Lager- o. Fabrikationshallen mit Löschschaum zu fluten, wenn diese für die direkte Brandbekämpfung nicht zugänglich sind (z.B. bei Einsturzgefahr oder aufgrund von viel Lagergut innerhalb der Halle) und die Anwesenheit von Personen innerhalb des Gebäudes sicher ausgeschlossen werden kann. Weiterhin lassen sich mit dem Leichtschaumgenerator Nachlöscharbeiten an schwer zugänglichen Orten durchführen, beispielsweise das Ablöschen von Glutnestern unter Trümmerteilen nach Einsturz von Bauteilen in großen Lager- bzw. Fabrikationshallen.

[30] Der Leichtschaumgenerator FlexiFoam® wurde von Dipl.-Ing. Norbert Diekmann ✝, Brandoberamtsrat a.D. der Feuerwehr Düsseldorf, entwickelt

Abb. 85: Schaumgenerator FlexiFoam® in Kombination mit einer Magirus-Drehleiter. Der Schaumkopf ist mittels einer speziellen Halterung in der Multifunktionssäule montiert. Die Spiralschläuche sind innerhalb des Leitersatzes verlegt.

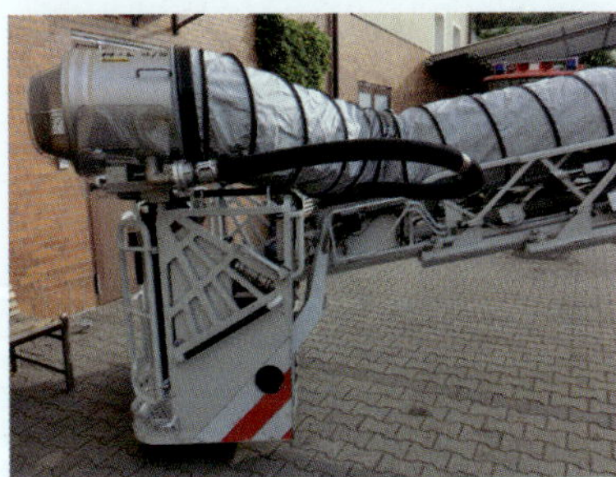

Abb. 86: Halterung für Schaumgenerator FlexiFoam® am Rettungskorb der Drehleiter. Die Halterung passt in die Multifunktionssäule des Korbes.

Abb. 87: Halterung für Schaumgenerator FlexiFoam® zur Montage des Generators an der Leiterspitze einer Magirus-Drehleiter. Hierfür muss der Rettungskorb von der Leiterspitze abgenommen werden und anstelle dessen die Halterung angebaut werden. Foto: Oliver Lang, Feuerwehr Düsseldorf

Das „FlexiFoam®"-System besteht aus folgenden Hauptkomponenten:

- Schaumkopf (M-L 2, M-L 4 oder M-L 4/8)
- Spiralschläuche (∅ 500 mm)
- Drucklüfter
- Halterung für Schaumkopf (bei Einsatz von der Leiterspitze einer Drehleiter aus)

Beim „FlexiFoam®"-System erfolgt die Schaumproduktion direkt an der Brandstelle, die Frischluft für die Schaumerzeugung wird über Spiralschläuche von einem Drucklüfter zugeführt. Dadurch wird keine Umgebungsluft angesaugt, welche möglicherweise mit Ruß und Verbrennungsprodukten kontaminiert ist, wodurch eine gleichbleibend gute Schaumqualität erreicht wird. Diesen Umstand macht man sich beim Einsatz des Systems an der Leiterspitze einer Drehleiter zunutze. Das Wasser-Schaummittel-Gemisch wird analog dem Einsatz eines herkömmlichen Schaumrohres (siehe vorangehenden Abschnitt) über die im Leitersatz verlegte B-Leitung zum Schaumkopf an der Leiterspitze gefördert. Die Zuführung der Frischluft erfolgt über Spiralschläuche, die zwischen dem Drucklüfter am Erdboden und dem Schaumkopf an der Leiterspitze innerhalb des Leitersatzes verlegt werden. Es sind zwei unterschiedliche Formen von Spiralschläuchen erhältlich, von denen eine Form (graue Farbe) eine Temperaturbeständigkeit von bis zu 180°C aufweist. Diese Form wird vornehmlich nahe des Schaumkopfes und damit in der Nähe des Brandherdes eingesetzt. Durch Zusammenfügen mehrerer Spiralschläuche wird eine ausreichende Länge der Luftleitung erreicht, die Schlauchelemente dehnen sich beim Ausfahren des Leitersatzes und passen sich so der veränderten Leiter an. Im Schaumkopf erfolgt dann die Verwirbelung des Wasser-Schaummittel-Gemisches mit der vom Drucklüfter über die Spiralschläuche zugeführten sauberen Umgebungsluft. Der Schaum wird damit direkt an der Leiterspitze erzeugt, wodurch er von oben gezielt auf die Brandstelle aufgebracht werden kann. Der Schaumkopf wird entweder mit einer speziellen Halterung anstelle des Rettungskorbes an der Leiterspitze oder mittels einer Halterung am Rettungskorb befestigt.

Hinweise und Tipps für Einsatz eines Schaumgenerators FlexiFoam®:

- Es gelten die allgemeinen Einsatzgrundsätze für den Einsatz von Löschschaum.
- Die Anwesenheit von Personen im zu flutenden Brandbereich muss sicher ausgeschlossen werden können, es dürfen sich keine Personen mehr im Gebäude aufhalten.
- Bei Einsatz eines Schaumgenerators FlexiFoam® (Mittel/Schwerschaum) für die Brandbekämpfung ist auf die Sicherstellung einer ausreichenden Löschwassermenge zu achten (z.B. Überflurhydrant oder Ansaugen über offenes Gewässer).
- Volumenstrom kann bis zu 800 l/min erreichen (je nach Typ des eingesetzten Schaumgenerators 200 l/min – 800 l/min).
- Pro Schaumgenerator/Drehleiter ist für die Löschwasserversorgung mindestens eine FP eines HLF 10 bzw. LF 10 vorzusehen.
- Die grauen, temperaturbeständigen Spiralschläuche an der Leiterspitze (nahe Rettungskorb) einsetzen, die gelben Schläuche an der Leiterbasis.
- Separate Speisung von Schaumrohrgenerator FlexiFoam® und weiteren handgeführten Rohren ist empfehlenswert (Verwendung von mind. zwei Feuerlöschkreiselpumpen).
- In der B-Zuleitung zum Wenderohr ist ein separater Verteiler B-CBC vorzusehen und so einzukuppeln, dass die B-Leitung auf dem Leitersatz entwässert werden kann.

3.1.6 Einsatz der Drehleiter für die Belüftung eines Brandobjektes

Die Drehleiter kann als Transportfahrzeug für einen oder mehrere Drucklüfter genutzt werden. Durch die Mitführung von zwei Drucklüftern am Fahrzeug ist die Vorhaltung von Lüftern mit unterschiedlichen Antrieben realisierbar, beispielsweise ein Drucklüfter mit

Abb. 88: Auf entsprechenden Montagehalterungen am Rettungskorb lassen sich Überdrucklüfter auch vom Rettungskorb aus einsetzen.

Wasserturbinenantrieb und ein Drucklüfter mit Verbrennungsmotor und/oder ein elektrisch angetriebener Drucklüfter.

Wenn ein elektrisch angetriebener Drucklüfter und eine entsprechende Halterung für die Befestigung am Rettungskorb verfügbar sind, kann die Drehleiter als Hilfsmittel für die Belüftung eines Brandobjektes eingesetzt werden (z.B. Querlüftung in größeren Höhen).

Nach der Montage des Drucklüfters am Rettungskorb wird dieser vor einer entsprechenden Öffnung des zu belüftenden Obergeschosses positioniert und das betreffende Obergeschoss durch Querlüftung entraucht.

Die Spannungsversorgung des Drucklüfters erfolgt durch den an der Drehleiter montierten Stromerzeuger.

3.1.7 Nutzung der Drehleiter als Hilfsmittel der Einsatzleitung[31]

Eine weitere Einsatzoption der Drehleiter besteht in der Nutzung des Fahrzeuges als Hilfsmittel der Einsatzleitung. Wird der Leitersatz bei maximalem Aufrichtwinkel auf die volle Länge ausgefahren, ermöglicht das eine gute Übersicht über die Einsatzstelle.

Weiterhin besteht die Möglichkeit der Montage einer Kamera am Rettungskorb, womit sich permanent Livebilder von der Einsatzstelle in einen ELW übertragen lassen. Auf diese Weise erhält die Einsatzleitung, die weit abgesetzt von der Einsatzstelle mit der positionierten Drehleiter eingerichtet sein kann, permanent ein aktuelles Lagebild in den ELW. Weiterhin lässt sich auch eine Wärmebildkamera mittels

[31] Siehe auch „Einsatzfahrzeuge für Feuerwehr und Rettungsdienst", Cimolino, Zawadke, Kögler, Reihe Einsatzpraxis 2006

einer Halterung am Rettungskorb befestigen, mit deren Hilfe die Brandausbreitung in großen Objekten von oben festgestellt werden kann (insbesondere in geschlossenen Gebäuden, z.B. beim Brand von Lager- u. Fabrikationshallen)[32].

3.2 Einsatzmöglichkeiten im THL-Einsatz

Die Einsatzmöglichkeiten in der technischen Hilfeleistung umfassen ein breites Spektrum und reichen weit über den Einsatz der Drehleiter als Hilfsmittel bei Unwettereinsätzen oder die Rettung von Personen mit der Krankentragenhalterung hinaus. Hierbei decken sich ebenfalls einige Einsatzmöglichkeiten mit dem Einsatzspektrum im Rahmen eines Brandeinsatzes, beispielsweise bei der Sicherung von Einsatzkräften mit dem Gerätesatz Absturzsicherung über den Hubrettungssatz.

THL-Einsätze

Hier einige Beispiele für die Einsatzmöglichkeiten im Rahmen von technischen Hilfeleistungen:

- Menschenrettung über Krankentragenaufnahme
- Menschenrettung über Schleifkorbtrage und Flaschenzug (Einfache Rettung aus Höhen und Tiefen - ERHT)
- Nutzung für Absturzsicherung (Anschlag- u. Umlenkpunkt für Sicherungsseil Gerätesatz Absturzsicherung)
- Hilfsmittel im Rahmen von Unwettereinsätzen
- GSG-Einsatz → Verdünnen/Abdrängen von Gaswolken/Dämpfen mit Hohlstrahldüse des Wenderohrs/Monitors
- Hilfsmittel bei THL nach Verkehrsunfall PKW/LKW – Nutzung als Rettungsplattform
- Ausleuchtung von Einsatzstellen
- Hilfsmittel bei der Wasser- u. Eisrettung
- Anheben und Versetzen von Lasten
- Hilfsmittel für die Einsatzleitung (Erkundung und Einsatzstellenübersicht)

[32] Siehe auch „Einsatzfahrzeuge für Feuerwehr und Rettungsdienst“, Cimolino, Zawadke, Kögler, Reihe Einsatzpraxis 2006, Kapitel 3.7.1.4

3.2.1 Einsatz der Drehleiter bei Menschenrettung mit Krankentragenhalterung

Die Krankentragenaufnahme ermöglicht eine schnelle und patientenschonende Rettung von Personen aus Höhen unter Einsatz einer DIN-Rettungstrage oder den bei den Rettungsdiensten verwendeten Rettungstragen (z.B. Ferno, Stryker). Bei neueren Krankentragenaufnahmen ist auch das Einschieben und Sichern von Schleifkorbtragen (z.B. Typ Ferno) möglich.

Die Rettung einer Person mit Hilfe der Krankentragenaufnahme erfolgt meist im Rahmen einer Hilfeleistung für den örtlichen Rettungsdienst. Sie kommt dann zum Einsatz, wenn der Transport des Patienten über das Treppenhaus nicht oder nur unter sehr großen Schwierigkeiten möglich ist, wie z.B. in Altbauten mit engen und steilen Treppen oder bei entsprechendem Krankheits- bzw. Verletzungsbild (z.B. Frakturen der Wirbelsäule und Extremitäten oder Patient nach erfolgter Reanimation).

Rettung schwerer Personen

Darüber hinaus kann diese Rettungsmethode auch bei schweren Patienten angewandt werden, deren Transport durch das Treppenhaus

Abb. 89: Einsatz einer Krankentragenhalterung zur Rettung eines Patienten aus einem schwer zugänglichen Bereich eines Wohngebäudes.

aufgrund ihres Gewichtes nur mit großen Schwierigkeiten durchführbar wäre.

Die Traglast der am Rettungskorb montierbaren Krankentragenaufnahme beträgt je nach Drehleitertyp (Hersteller, Baujahr) zwischen 150 kg und 300 kg. Die jeweilige vom Hersteller vorgegebene Gewichtsbeschränkung ist unbedingt einzuhalten!

Wenn das Körpergewicht der zu rettenden Person die Traglast der Krankentragenaufnahme übersteigt, ist eine andere Rettungsmethode anzuwenden (z.B. Rettung mit Schleifkorbtrage und Gerätesatz Auf- u. Abseilgerät/Flaschenzugsystem in Kombination mit Gerätesatz Absturzsicherung – *siehe Kapitel 3.2.2*).

Bei Einsatz der Krankentragenaufnahme muss sich die Rettungsöffnung innerhalb des Benutzungsfeldes mit der maximalen Korbzuladung (z.B. 3-Personen-Benutzungsfeld bei 3-Personen-Rettungskorb) befinden. Damit wird sichergestellt, dass außer der im Korb befindlichen begleitenden Einsatzkraft noch ein Patient mit den oben genannten Körpergewichtswerten aufgenommen werden kann.

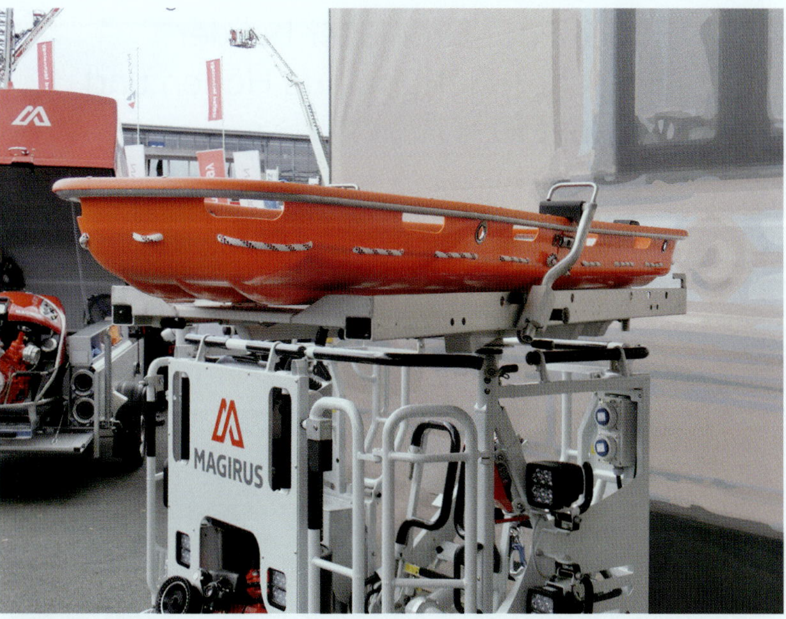

Abb. 90: Halterung für Schleifkorbtrage (hier auf Rettungskorb einer Magirus-Drehleiter).

Das Anfahren der Rettungsöffnung, aus der die Personenrettung erfolgen soll, geschieht durch die Einsatzkraft im Rettungskorb. Diese unterstützt auch die Kräfte des Rettungsdienstes und ggf. der unterstützenden Feuerwehr bei der Aufnahme der Krankentrage mit dem Patienten in die Krankentragenaufnahme. Nach Fixierung von Rettungstrage und Patient mit den hierfür vorgesehenen Befestigungsgurten fährt der Maschinist den Rettungskorb mit begleitender Einsatzkraft und Patient auf Erdgleiche, wo der Patient wieder von den Kräften des Rettungsdienstes übernommen wird.

Ist die Rettungsöffnung vom Drehleitermaschinisten am Hauptbedienstand schlecht einsehbar, sollte das Freifahren des Rettungskorbes vom Gebäude durch die im Rettungskorb befindliche Einsatzkraft erfolgen. Sobald der Korb einen ausreichenden Abstand vom Gebäude hat, kann der Drehleitermaschinist die Steuerung übernehmen.

Bei Einsatz der Krankentragenaufnahme sind Rettungstrage und Patient auf der Krankentragenaufnahme mit den hierfür vorgesehenen Befestigungsgurten zu sichern.

3.2.2 Einsatz der Drehleiter bei der Einfachen Rettung aus Höhen und Tiefen (ERHT)[33]

Einsatz der Drehleiter im Rahmen der ERHT

Für die Rettung von Patienten aus Höhen oder Tiefen mit Hilfe der Schleifkorbtrage sind ein Gerätesatz Absturzsicherung nach DIN 14800-17 und ein Gerätesatz Auf- u. Abseilgerät nach DIN 14800-16 oder ein vergleichbares Flaschenzugsystem aus genormten Einzelkomponenten erforderlich.

Das Kernmanteldynamikseil des Gerätesatzes Absturzsicherung dient dabei als Redundanzseil, welches parallel zum Flaschenzugsystem installiert wird.

[33] Siehe auch „Grundlagen der Absturzsicherung", 3. Auflage 2015, „Einfache Rettung aus Höhen und Tiefen", 2. Auflage 2016, beide aus der Reihe „Fachwissen Feuerwehr" sowie „Absturzsicherung und Einfache Rettung aus Höhen und Tiefen", Reihe Einsatzpraxis 2009

Der Einsatz dieser beiden Gerätesätze in Verbindung mit einer Drehleiter ermöglicht beispielsweise die Rettung

- von Patienten aus Wohnhäusern bei Unpassierbarkeit des Treppenhauses
- von Patienten aus schwer zugänglichen Wohnungen (z.B. Maisonettewohnungen)
- von Baugerüsten
- aus Tiefbaustellen
- aus Hochbaustellen
- aus Schächten und Gruben
- aus Abhängen (z.B. Steinbrüche, Sandgruben, etc.)

Dabei beträgt die nach der DIN 14800-16 definierte maximale Rettungshöhe bzw. -tiefe 30 m.

Beim Einsatz der Drehleiter für die Rettung aus Höhen und Tiefen sind außer den beiden Festpunkten für die Rücklaufsperre des Flaschenzugsystems und der Halbmastwurfsicherung (HMS) für das Sicherungsseil noch ein Umlenkpunkt (Sicherungsseil) und ein Anschlagpunkt (Flaschenzugsystem) an der Leiterspitze notwendig. Diese

Abb. 91: Anschlagpunkte für das Flaschenzugsystem und die Seilumlenkung des Sicherungsseils (Redundanzseil) an der Leiterspitze einer Magirus-Drehleiter.

Abb. 92: Anschlagpunkte für das Flaschenzugsystem und die Seilumlenkung des Sicherungsseils (Redundanzseil) an der Leiterspitze einer Metz/Rosenbauer-Drehleiter.

Anschlag- u. Umlenkpunkte können an den obersten beiden Sprossen des ersten Leiterteils (Oberleiter) eingerichtet werden (z.B. Rundsprosse bei Metz/Rosenbauer-Drehleiter oder erste und zweite Sprosse des ersten Leiterteils der Magirus-Drehleitern) oder in dafür vorgesehene Lastösen (bei neueren Magirus-Drehleitern befinden sich an der Leiterspitze hierfür zwei fixe Lastösen). Weiterhin besteht die Möglichkeit der Verwendung einer Lastöse am Korbboden (z.B. bei neueren Magirus-Drehleitern (*siehe auch Kapitel 3.1.3, Abbildung 69b*).

Einsatz ohne Rettungskorb

Für diesen Einsatzzweck ist der Rettungskorb an der Leiterspitze nicht zwangsläufig erforderlich. Wird der Rettungskorb abgenommen, kann bei den gegenwärtig aktuellen Drehleitertypen die Leiterspitze mit einer Last von bis zu 600 kg belastet werden. Die maximale Ausladung des Hubrettungssatzes muss sich in diesem Fall innerhalb des 5-Personen-Benutzungsfeldes befinden (bei Drehleitern mit einer Zuladung von 300 kg im Rettungskorb entsprechend innerhalb des 3-Personen-Benutzungfeldes, etc.).

Hierdurch wird eine Überlastung des Leitersatzes und eine Gefährdung der Standsicherheit des Fahrzeuges verhindert.

☞ Bei Einsatz eines Flaschenzugsystems (z.B. Gerätesatz Auf- u. Abseilgerät nach DIN 14800-16) zur Menschenrettung mit Schleifkorbtrage ist bei Abnahme des Rettungskorbes von der Leiterspitze der Hubrettungssatz innerhalb des Benutzungsfeldes mit der maximalen Korbzuladung zu bewegen, z.B.

- 3-Personen-Benutzungsfeld bei Rettungskorb mit 3-Personen-Zuladung
- 4-Personen-Benutzungsfeld bei Rettungskorb mit 4-Personen-Zuladung
- 5-Personen-Benutzungsfeld bei Rettungskorb mit 5-Personen-Zuladung.

Diese Vorgehensweise ist insbesondere dann von Vorteil, wenn eine Rettung schwerer Patienten mit der Schleifkorbtrage durchgeführt werden muss.

In diesen Fällen kann die maximale Tragfähigkeit der Schleifkorbtrage von bis zu 272 kg (z.B. Ferno-Trage) ausgeschöpft werden. Hierbei muss jedoch ein Flaschenzugsystem aus genormten Einzelkomponenten verwendet werden, welches die auftretenden Lasten aufnehmen kann (Bruchlast aller Einzelkomponenten ≥ 22 kN).

Bei der Positionierung der Drehleiter ist darauf zu achten, dass die Einsatzstelle möglichst im Front- oder Heckbereich des Fahrzeugs liegt, um die frontseitigen bzw. die heckseitigen Fahrzeugschäkel als Anschlagpunkte für die Rücklaufsperre des Flaschenzugsystems und die Seilbremse (z.B. Halbmastwurfsicherung) des Sicherungsseils nutzen zu können.

Alternativ können neben den Abstützungen (z.B. Stützbalken bei Magirus-Drehleitern) und den hierfür geeigneten Stahlösen am Drehgestell (siehe Kapitel 3.1.3, Abbildungen 65 und 66) auch andere Anschlagpunkte herangezogen werden, z.B.

- ▶ Fahrzeugschäkel anderer Einsatzfahrzeuge (z.B. LF, HLF, RW)
- ▶ Hinterachsfelge der Drehleiter, allerdings ist dann Kantenschutz für die Bandschlinge notwendig (siehe auch Abbildung 67 in Kapitel 3.1.3)
- ▶ Massive Geländerkonstruktionen aus Stahl
- ▶ Bäume ∅ ≥ 15 cm in Bodennähe

Einsatz der Drehleiter zur Rettung aus Höhen und Tiefen mit Flaschenzug und Schleifkorbtrage:

- Maximale Abstützbreite wählen (Verbesserung der Standsicherheit)
- **Installation eines Redundanzseiles** (Kernmanteldynamikseil der Absturzsicherung) parallel zum Flaschenzugsystem
- Einhängen der Schleifkorbtrage in Flaschenzug und Redundanzseil
- Maximale Ausladung des Hubrettungssatzes innerhalb des Benutzungsfeldes mit der maximalen Korbzuladung des jeweiligen Fahrzeuges
- Ggf. Abnahme des Rettungskorbes (maximale Belastung je nach Fahrzeug von bis zu 600 kg an der Leiterspitze)

Abb. 93: Einsatzklar installiertes Flaschenzugsystem mit Redundanzseil (Kernmanteldynamikseil des GS Absturzsicherung) und Schleifkorbtrage mit einer Traglast von max. 272 kg.

Abb. 94: Personenrettung über Dachgaubenfenster aus Dachgeschoss mittels Flaschenzugsystem und Sicherungsseil (Redundanzseil) sowie Schleifkorbtrage mit einer Traglast von max. 272 kg.

Abb. 95: Personenrettung über Dachgaubenfenster aus Dachgeschoss, Anschlagpunkte für Seilbremse Sicherungsseil und Rücklaufsperre Flaschenzugsystem Stützbalken einer Magirus-Drehleiter. Schutz der Bandschlingen gegen Schmierfett durch Wolldecken.

Personenrettung im Rahmen der Einfachen Rettung aus Höhen und Tiefen mit Aufsteckbügel „Safety Peak®“ und vorkonfektioniertem Verbindungsmittel Tragenrettung der Fa. Magirus

Eine weitere Möglichkeit der Rettung von Personen aus Höhen und Tiefen, insbesondere aus gut zugänglichen Tiefbaustellen und höher gelegenen Flachdächern stellt ein Rettungssystem der Fa. Magirus dar, welches auf der Interschutz 2015 erstmals präsentiert wurde. Hierbei handelt es sich um zwei wesentliche Ausrüstungsgegenstände:

- Aufsteckbügel „Safety Peak®“ für Rettungskorb zur Aufnahme des Seilrettungssystems (oder als Umlenkung für ein Sicherungsseil im Rahmen der Sicherung von Personen aus dem Rettungskorb heraus)
- Vorkonfektioniertes Verbindungsmittel Tragenrettung für das Anschlagen einer Schleifkorbtrage zum Einhängen am Aufsteckbügel „Safety Peak®“ oder an den zwei Stahlösen an der Leiterspitze der Drehleiter.

Mit diesem Seilrettungssystem ist eine schnelle und unkomplizierte Rettung von Personen aus Höhen und Tiefen möglich. Die einfache Konditionierung und Bedienung des Systems ermöglichen auch ungeübten Einsatzkräften einen sicheren und schnellen Einsatz des Systems. Hierbei ergeben sich beispielsweise folgende Einsatzmöglichkeiten:

- Personenrettung aus Tiefbaustelle, z.B. Kanalisationsbaustelle
- Personenrettung aus offener, von oben gut zugänglicher Baugrube (z.B. bei Fundamentarbeiten an einem Wohngebäude)
- Einsatz im Rahmen einer Wasserrettung/Eisrettung aus Fluss, Kanal oder stehendem Gewässer
- Personenrettung von einem höher gelegenen Flachdach mit guter Zugänglichkeit ohne Hindernisse.

Abb. 96: Vorkonfektioniertes Verbindungsmittel Tragenrettung für die Personenrettung aus Höhen und Tiefen mittels Schleifkorbtrage.

Das Magirus Verbindungsmittel Tragenrettung besteht aus zwei parallel angeordneten Kernmantelseilen mit geringer Dehnung („Statikseile“), in welche an den Enden zwei Riggingplatten sowie zwei Handballenkarabiner eingenäht sind (an je einem Ende je zwei Riggingplatten, am anderen Ende je zwei Handballenkarabiner). Hierdurch

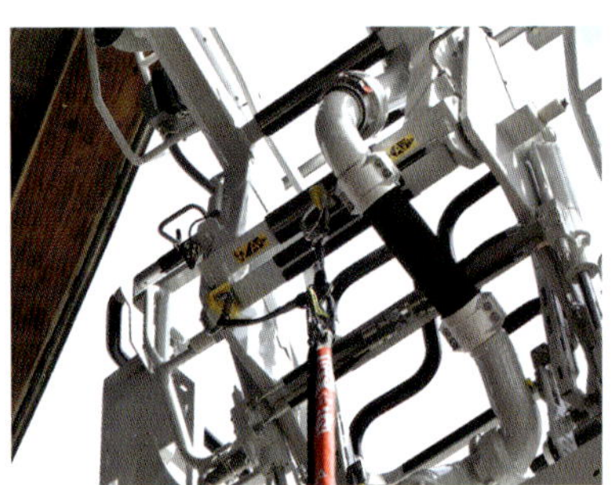

Abb. 97: Anschlagpunkte in Form zweier Stahlösen an der Leiterspitze für vorkonfektioniertes Magirus Verbindungsmittel Tragenrettung.

ist von Grund auf eine Redundanz gegeben, da die zu rettende Person immer an zwei voneinander unabhängigen Seilen hängt. Das Verbindungsmittel wird aus mehreren Teilstücken mit unterschiedlicher Länge je nach Längenbedarf (z.B. Tiefe einer Baugrube) durch Verbindung der Riggingplatten mit den Karabinern auf die benötigte Länge vorbereitet. Anschließend wird das System entweder in die Aufsteckbügel für den Rettungskorb „Safety Peak®" oder an den beiden Lastösen an der Leiterspitze eingehängt. Am unteren Ende des Verbindungsmittels wird die Schleifkorbtrage eingehängt. Eine Redundanz mittels Kernmantel-Dynamikseil des GS-Absturzsicherung nach DIN 14800-17 ist hier **nicht** notwendig, da wie vorstehend beschrieben das System bereits redundant ausgelegt ist.

Die Rettung der Person in der Schleifkorbtrage erfolgt in diesem Fall durch das kontrollierte Anheben bzw. Ablassen der Schleifkorbtage durch die Leiterbewegungen „Aufrichten" und „Neigen" in Kombination mit Ein- u. Ausfahren des Leitersatzes und Drehen des Hubrettungssatzes.

Die maximal wählbare Länge des Verbindungsmittels Tragenrettung beträgt dabei 15 m. Durch die Abnahme des Rettungskorbes von der Leiterspitze lässt sich auch hier die Reichweite des Leitersatzes für die Rettung erhöhen.

■ Rettung adipöser Patienten mittels „Rescue-Loader®" in Verbindung mit einer Magirus-Drehleiter

Für die Rettung adipöser Patienten aus höheren Stockwerken ist von der Firma Magirus ein Rettungssystem mit der Bezeichnung Rescue Loader RL500 verfügbar. Hierbei handelt es sich um einen beweglichen Ausleger mit integriertem Tragegestell, welcher anstelle des Rettungskorbes an der Leiterspitze befestigt wird. Analog der Nivellierung des Rettungskorbes wird auch der Rescue Loader beim Aufrichten und Neigen des Leitersatzes in die Waagerechte ausgerichtet. Der Tragarm ist in der Vertikalen beidseits um 45° schwenkbar, wodurch der Ausleger auch bei ungünstigem Standplatz optimal zur Rettungsöffnung ausgerichtet werden kann.

Schwerlast-Schleifkorbtrage

Die Befestigung der Schwerlast-Schleifkorbtrage erfolgt durch ein Gurtsystem mit Handballenkarabinern, wodurch ein schnelles und unkompliziertes Anhängen an den Tragarm gewährleistet ist.

Die Rettung eines Patienten läuft folgendermaßen ab:

der Ausleger wird an die Leiterspitze eingehängt, anschließend wird dieser durch die Bewegungen des Hubrettungssatzes Drehen, Aufrichten und Ausfahren in die Rettungsöffnung hineingefahren. Innerhalb der Wohneinheit kann je nach Platzverhältnissen der Leitersatz noch minimal geneigt werden. Das Absetzen der Schwerlast-Schleifkorbtrage erfolgt durch Ablassen mittels zweier Kettenzüge, die durch Ratschengriffe bedient werden.

Nach Verbringung des Patienten in die Schleifkorbtrage wird diese unterhalb des Tragegestells platziert, die Kettenzüge in die hierfür vorgesehenen Lastösen der Trage eingehängt. Das Anheben der Schleifkorbtrage erfolgt wieder durch Betätigen der Kettenzüge. Nach Abschluss

Abb. 98: Rettungssystem Rescue Loader RL500 für die Rettung schwergewichtiger Personen mit Hilfe der Drehleiter.

Abb. 99: Befestigung der Schwerlast-Schleifkorbtrage am Rettungssystem Rescue Loader RL500. Das Anheben der Trage erfolgt durch die beiden Kettenzüge, die Sicherung durch vier Tragegurte mit Handballenkarabinern.

Abb. 100: Kettenzug zum Anheben der Schwerlast-Schleifkorbtrage am Rettungssystem Rescue Loader RL500.

des Anhebevorganges wird die Trage wieder mit den vier hierfür vorgesehenen Tragegurten gesichert und die Kettenzüge entlastet. Abschließend erfolgt die Rettung aus dem Gebäude durch die Bewegungen des Hubrettungssatzes.

Das maximale Lastaufnahmevermögen des Rescue Loaders RL500 beträgt 500 kg, was für diesen Einsatzzweck mehr als ausreichend betrachtet werden kann.

Dieses unkonventionelle Einsatzmittel stellt eine interessante Möglichkeit hinsichtlich Zeit- u. Personalbedarf sowie des Ausbildungsaufwandes zu den bisher praktizierten Einsatzverfahren (z.B. Kranwagen mit „Hamburger Rettungskorb") dar. Der Rescue-Loader könnte beispielsweise auf Landkreisebene oder bei einer Berufsfeuerwehr vorgehalten werden.. Das Gerät kann auf einem Transportwagen mit Hilfe eines Gerätewagens Logistik an die Einsatzstelle verbracht und dort von unterwiesenen Drehleitermaschinisten bedient werden.

3.2.3 Drehleiter als Hilfsmittel im Rahmen von Unwettereinsätzen

Die Einsatzmöglichkeiten von Drehleitern bei Unwettereinsätzen sind vielfältig und beinhalten ein breites Spektrum an technischen Hilfeleistungen, wie beispielsweise:

- Beseitigung absturzgefährdeter Bauteile und Baumäste infolge Sturmschäden
- Abtragen von umsturzgefährdeten Bäumen nach Sturmeinwirkung
- Absichern von abgedeckten Dächern mit Planen infolge Sturmschadens
- Sicherung bzw. Abbau eingestürzter oder teileingestürzter Baugerüste
- Nutzung für die Sicherung von in absturzgefährdeten Bereichen tätigen Einsatzkräften im Rahmen der Absturzsicherung (DLAK als Anschlag- u. Umlenkpunkt) (*siehe Kapitel 3.1.3*).

Die oben aufgeführten technischen Hilfeleistungen stellen nur einen möglichen Querschnitt von Einsatzmöglichkeiten dar. Sie können bei Verfügbarkeit eines Stromerzeugers auf der Drehleiter teilweise eigenständig durch die Besatzung dieses Fahrzeugs abgearbeitet werden.

3.2.4 Drehleiter als Hilfsmittel im GSG-Einsatz

Im Rahmen eines Gefahrguteinsatzes kann die Drehleiter nach der Montage des Wasserwerfers zum Verdünnen bzw. Abdrängen von Gas- u. Dampfwolken eingesetzt werden. Hierfür ist die Anbringung einer Hohlstrahldüse an die B-Kupplung des Wenderohrs erforderlich.

Handlungsoptionen bei GSG-Einsatz

Aufgrund der hohen Wasserleistung und der dreidimensionalen Ausrichtungsmöglichkeit der Hohlstrahldüse des Wenderohrs ergeben sich im Zuge eines GSG-Einsatzes folgende Handlungsoptionen:

- Niederschlagen bzw. Verdünnen von wasserlöslichen Dämpfen und Gasen
- Abdrängen bzw. Verdünnen von schlecht oder mäßig wasserlöslichen Gasen
- Aufbau eines Wasserschleiers zum Schutz von Objekten (z.B. Wohnbebauung).

Bei der Durchführung der oben genannten Maßnahmen kann der Einsatz einer Drehleiter mit am Wasserwerfer montierter Hohlstrahldüse eine gute Ergänzung für handgeführte B-Strahlrohre, Wasserwerfer und behelfsmäßige Wasserwerfer darstellen.

Hinweise und Tipps:

- Bei Einsatz eines Wenderohres ist auf die Sicherstellung ausreichenden Wassermenge zu achten (z.B. Überflurhydrant).
- Volumenstrom kann bis zu 2000 l/min erreichen (je nach Typ des Wasserwerfers).
- Pro Wasserwerfer/Drehleiter ist für die Wasserversorgung mindestens ein HLF/LF 20 vorzusehen.
- In der B-Zuleitung zum Wenderohr ist ein separater Verteiler B-CBC vorzusehen und so einzukuppeln, dass die B-Leitung auf dem Ausleger entwässert werden kann

3.2.5 Drehleiter als Hilfsmittel bei THL nach Verkehrsunfall

Drehleiter als Arbeits- und Rettungsplattform

Bei der technischen Hilfeleistung nach einem Verkehrsunfall mit einer oder mehreren eingeklemmten Person(en) kann die Drehleiter als Arbeits- u. Rettungsplattform eingesetzt werden. Insbesondere bei der Befreiung eingeklemmter Personen in Lastkraftwagen kann der Rettungskorb der Drehleiter als Arbeitsplattform genutzt werden, wenn keine tragbare Rettungsplattform (z.B. Schnellbaugerüst oder Klappplattform) als Hilfsmittel zur Verfügung steht. Voraussetzung hierfür ist jedoch, dass für die Aufstellung des Fahrzeugs an der Unfallstelle eine ausreichende Rangier- und Aufstellfläche vorhanden und die Drehleiter bei der ersten Fahrzeugaufstellung an der Einsatzstelle bereits verfügbar ist.

Diese ist notwendig, um ein Vorbeiziehen der Drehleiter am Unfallfahrzeug und die Durchführung der Rettungsarbeiten vom Rettungskorb des über das Fahrzeugheck auf 180°-Stellung gedrehten Hubrettungssatzes zu gewährleisten.

Dann ermöglicht diese Einsatzvariante auch anschließend an die Befreiung des Patienten dessen Rettung aus dem Fahrerhaus des

Unfall-LKW's mit Hilfe eines geeigneten und hierfür zugelassenen Rettungskorsetts.

Dabei wird der Patient noch im Fahrerhaus mit einem Rettungskorsett immobilisiert und anschließend mit einem Flaschenzugsystem aus dem Fahrerhaus gehoben (*siehe auch Kapitel 3.2.2*). Eine solche Rettung darf nur mit einem für solche Zwecke zugelassenen Rettungskorsett (z.B. HED®-System) durchgeführt werden, welches für ein freies Hängen zugelassen ist und über entsprechend geeignete Anschlagpunkte und Verschlussgurte verfügt.

Nach Anlegen des Rettungskorsetts an den Patienten wird dieses mit drei Bandschlingen in den Lastkarabiner des am Leitersatz angeschlagenen Flaschenzuges eingehängt und der Patient aus dem Fahrerhaus gehoben. Während des Hebevorgangs muss der Patient durch unterstützende Einsatzkräfte geführt werden, bis dieser auf der bereitgestellten Rettungsdiensttrage abgelegt ist.

3.2.6 Nutzung der Drehleiter bei Wasser- und Eisrettung

Im Rahmen einer Wasser- oder Eisrettung bzw. der Durchführung einer technischen Hilfeleistung auf Gewässern (stehendes Gewässer oder Fließgewässer mit schwacher Strömung) kann der Rettungskorb der Drehleiter als Rettungs- und Arbeitsplattform eingesetzt werden. Die Sicherung eines Wasserretters kann hierbei z.B. durch das Kernmantelseil eines Gerätesatzes Absturzsicherung erfolgen. Bei der Sicherung von Einsatzkräften in Fließgewässern aus dem Rettungskorb ist der auf die im Wasser befindliche Einsatzkraft wirkende Strömungsdruck zu beachten. Wirkt dieser in einem ungünstigen Winkel auf den Hubrettungssatz ein, kann dadurch die Standsicherheit des Fahrzeugs gefährdet werden.

Voraussetzung für den Einsatz der Drehleiter als Hilfsmittel für die Wasser- und Eisrettung ist natürlich eine gute Zufahrtsmöglichkeit an das Gewässer sowie eine ausreichend tragfähige Aufstellfläche zur Positionierung der Drehleiter am Ufer des Gewässers. Der Rettungskorb dient als Plattform für den auf das Eis gehenden Retter (*siehe Abbildungen 104 und 105*).

Bei der Fahrzeugaufstellung ist auf einen ausreichenden Abstand zwischen den dem Gewässer zugewandten belasteten Abstützungen

Abb. 101: Einsatz der Drehleiter im Rahmen der Wasserrettung. Mit Hilfe einer Drehleiter mit Gelenkarm und einer Waagrecht-Senkrecht-Abstützung lässt sich mit dem Rettungskorb ein großer Unterflurbereich erreichen.

und dem Gewässerrand zu achten. Der Abstand vom Ufer bzw. der Gewässerkante muss so groß gewählt werden, dass der Untergrund des Ufers den an den Abstützungen auftretenden Bodendruck aufnehmen kann, ohne dass diese einsinken. Ist eine möglichst große Reichweite des Leitersatzes in das Gewässer notwendig, können zur besseren Verteilung des eingeleiteten Bodendruckes die Unterlegplatten unter die Bodendruckplatten untergelegt werden. Nach Auswahl der Aufstellfläche und Abstützung des Fahrzeugs kann der Leitersatz über das Gewässer gedreht werden.

Reicht die Absenkmöglichkeit des Leitersatzes (Metz/Rosenbauer-Drehleitern bis -15°, Magirus-Drehleitern bis -17°) für den Unterflurbetrieb nicht aus, kann das Fahrzeug in eine zusätzliche Schräglage gebracht werden.

Zur Vergrößerung des Unterflurbereiches bestehen bei beiden Fahrzeugtypen unterschiedliche Möglichkeiten der Schrägstellung des Fahrzeugs in der Fahrzeuglängsachse.

Vergrößerung des Unterflureinsatzbereiches bei Metz/Rosenbauer-Drehleiter

Bei der Metz/Rosenbauer-Drehleiter wird die zusätzlich erforderliche Schräglage in der Fahrzeuglängsachse durch das Ausfahren der beiden unbelasteten Abstützungen auf der dem Gewässer abgewandten Fahrzeugseite auf deren maximale Ausfahrlänge erreicht. Nach Ausfahren der Ausschubträger und Abstützzylinder auf der Gewässerseite erfolgt die Herstellung der gewünschten Schräglage (maximal 7° möglich) durch das Ausfahren der Abstützzylinder auf der gegenüberliegenden Fahrzeugseite bis kurz vor deren Endausfahrstellung. Anschließend wird das Fahrzeug freigehoben und der Druck auf den Hubrettungssatz umgeschaltet.

Abb. 102: Schrägstellung einer Metz/Rosenbauer-Drehleiter um 7° durch einseitiges Ausfahren der Abstützzylinder.

Verstärkung der Schräglage

Durch Unterlegen der Unterlegklötze unter die Bodendruckplatten der Abstützzylinder auf der dem Gewässer abgewandten Fahrzeugseite kann die Schräglage verstärkt werden. Hierbei dürfen maximal zwei Unterlegklötze pro Abstützzylinder untergelegt werden, welche um 90° zueinander versetzt zueinander angeordnet werden sollten.

Durch die vorstehend aufgeführten Maßnahmen lässt sich der Unterflurfahrbereich des Leitersatzes auf maximal -22° erweitern. Allerdings verringert sich durch die vorstehend genannten Maßnahmen die seitliche Ausladung des Leitersatzes, da sich der Fahrzeugschwerpunkt in Richtung der belasteten Abstützungen verschiebt. Hierdurch wird das Standmoment verringert.

■ Vergrößerung des Unterflureinsatzbereiches bei Magirus-Drehleiter

Bei der Magirus-Drehleiter muss ein anderer Weg gewählt werden, da das Ausheben der Hinterachse nicht möglich ist. Die Herstellung der erforderlichen Schräglage erfolgt bei diesen Fahrzeugen durch das Unterlegen der Auffahrbohlen oder Unterlegplatten unter das Rad der Hinterachse auf der dem Gewässer abgewandten Fahrzeugseite. Nach Auffahren auf die untergelegten Bohlen bzw. Platten erfolgt die Abstützung des Fahrzeugs durch Ausfahren und Absenken der Stützbalken. Alternativ kann auch eine Kombination aus Unterlegklötzen und Auffahrbohlen als Auffahrhilfe verwendet werden. Hierdurch kann jedoch nur eine minimale Vergrößerung der Schräglage in Fahrzeuglängsachse erreicht werden. Allerdings verringert sich so auch die maximal mögliche seitliche Ausladung um ein geringeres Maß,

Abb. 103: Herstellung einer zusätzlichen Schräglage durch Unterlegen der Auffahrbohlen unter die Reifen der Hinterachse auf der dem Gewässer abgewandten Fahrzeugseite bei einer Magirus-Drehleiter.

da sich der Fahrzeugschwerpunkt in geringerem Maße in Richtung der belasteten Abstützungen verschiebt.

Abstand zwischen Gewässerlinie und Drehleiter

Um bei einer Wasser- oder Eisrettung an einem Gewässer mit steil abfallendem Uferbereich (z.B. Kaimauer an einem Kanal) den mit dem Rettungskorb nicht erreichbaren Bereich in Ufernähe möglichst klein zu halten, sollte die Drehleiter ca. 7,00 m, gemessen ab der Fahrzeugkante (entsprechend 8,50 m ab der Drehkranzmitte) von der

Abb. 104: Verringerung des toten Winkels unterhalb einer Kaimauer durch Platzierung der Drehleiter in einem Abstand von ca. 7,00 m von der Kaimauer entfernt (Abstand Kaimauer ↔ Fahrzeugkante), bzw. 8,50 m (Abstand Kaimauer ↔ Drehkranzmitte).

Uferböschung positioniert werden. Wird dagegen eine große Reichweite in das Gewässer hinein benötigt, muss das Fahrzeug so nahe wie möglich an der Gewässerkante aufgestellt werden.

Zum Erreichen einer maximalen Reichweite in das Gewässer hinein besteht bei ausreichenden Platzverhältnissen und ausreichend befestigtem Ufer die Möglichkeit, die Drehleiter rückwärts an die Gewässerkante heranzufahren. Hierdurch kann mit dem Fahrzeugheck sehr nahe an das Gewässer herangefahren werden, wodurch auch die Drehkranzmitte nahe an das Ufer heranrückt. Bei Ausfahren des Leitersatzes über das Fahrzeugheck steht jeweils 15° beidseits der Fahrzeuglängsachse das maximale Benutzungsfeld bei maximaler Korbzuladung zur Verfügung, da der Großteil des Fahrgestells mit Fahrerhaus und Fahrzeugmotor als Gegengewicht und damit als Standmoment dienen.

Abb. 105: Rückwärtiges Anfahren der Gewässerkante zur Vergrößerung der Reichweite.

3.2.7 Anheben von Lasten mit der Drehleiter

Mit Hilfe der Drehleiter ist ein Anheben, Verdrehen und Absetzen von Lasten möglich. Dabei beträgt die maximal anhebbare Last 4.000 kg bei der geringsten Ausladung.

Durch den Einsatz der Drehleiter als Behelfskran ist in begrenztem Maße ein Anheben von Lasten bzw. die Sicherung von Lasten gegen Absturz möglich. So kann beispielsweise ein verunfallter PKW mit dem Hubrettungssatz angehoben oder gegen Absturz gesichert werden. Weitere Einsatzmöglichkeiten sind beispielsweise das Anheben eines schweren Nutztieres (z.B. Pferd, Rind) im Rahmen einer Tierrettung mit Hilfe einer Drehleiter und einem Tierhebegeschirr oder das

Abb. 106: Direktes Anschlagen der Last in der Lastöse am untersten Leiterteil einer Metz-Drehleiter mit Schäkel und Endlosschlinge. Die Lastöse ist auf eine maximale Last von 4.000 kg ausgelegt.

Einheben eines Rettungsbootes in ein Gewässer im Rahmen einer Wasserrettung.

Bei Einsatz der Drehleiter zum Heben von Lasten kann die Last entweder direkt am Leitersatz angeschlagen oder mit Hilfe eines Kettenzuges angehoben werden. Bei beiden Varianten muss auf eine ausreichende Bruchlast der verwendeten Hebebänder bzw. Endlosschlingen und der Schäkel geachtet werden. Diese sollten auf eine Mindesttraglast von 5.000 kg ausgelegt sein.

Im Falle des direkten Anschlages der anzuhebenden Last in die Lastöse an der Unterleiter (letztes Leiterteil) des Leitersatzes wird die Last durch das Ausfahren der Aufrichtzylinder angehoben.

Bei Verwendung eines Kettenzuges bzw. Kettenflaschenzuges erfolgt das Anheben bzw. Ablassen der Last mit diesen Hilfsgeräten, zum Verdrehen der Last wird der Hubrettungssatz gedreht.

Abb. 107: In der Lastöse des letzten (untersten) Leiterteiles einer Metz-Drehleiter eingehängter Kettenzug.

Abb. 108: Anschlagen der Last mittels eines geeigneten Stahlschäkels in der Lastöse des ersten Leiterteiles einer Metz-Drehleiter.

Abb. 109: Beispiel des Einsatzes einer Drehleiter zum Anheben und Versetzen einer Tragkraftspritze.

Einsatzgrundsätze und Tipps beim Heben von Lasten:

- Der Aufenthalt von Personen unter schwebenden Lasten beim Anheben, Absenken und Drehen der Last ist verboten.
- Wenn möglich, Lasten mit Hilfsmittel (z.B. Kettenzug) anheben und ablassen.
- Maximale Anhängelast und maximal mögliche Ausladung des Hubrettungssatzes beachten (Bedienungsanleitung!).
- Kranbetrieb mit der Lastöse am untersten Leiterteil nur bei vollständig eingefahrenem Leitersatz durchführen.
- Durchführung des Kranbetriebs nur mit maximaler Abstützbreite.
- Verwendung geeigneter Anschlagmittel zum Heben der Last (Schäkel, Rundschlingen, Kettenzüge, etc.).

4 Einsatztaktik beim Drehleitereinsatz

In diesem Kapitel sollen die wesentlichen Aspekte der Einsatztaktik im Drehleitereinsatz erläutert werden. Dabei soll auf folgende Gesichtspunkte eingegangen werden:

- Anfahrt zum Einsatzobjekt bzw. zur Einsatzstelle
- Fahrzeugeinweisung
- Fahrzeugaufstellung an der Einsatzstelle (Abstände zum Einsatzobjekt, Abstände zu anderen Fahrzeugen)
- Anleiterarten
- Alternative Anleiterarten
- Anleitern unter beengten Platzverhältnissen an der Einsatzstelle.

Die Begriffe der Anleiterarten orientieren sich dabei teilweise an den von drehleiter.info definierten Begrifflichkeiten, die sich in den vergangenen Jahren bei der Aus- u. Fortbildung bewährt haben.

4.1 Anfahrt an die Einsatzstelle bzw. an das Einsatzobjekt

richtige Fahrzeugaufstellung

Um die Drehleiter bei einer Menschenrettung oder zur Brandbekämpfung im Rahmen eines Brandeinsatzes effektiv einsetzen zu können, ist auf eine geordnete Anfahrt und auf die richtige Fahrzeugaufstellung an der Einsatzstelle zu achten. Da die Drehleiter innerhalb des Zugverbandes meist an zweiter oder dritter Stelle fährt, ist bei der Anfahrt an das Einsatzobjekt (z.B. Wohngebäude) zu berücksichtigen, dass Einsatzleitwagen und erstes Löschfahrzeug (z.B. HLF/LF) über die Einsatzstelle hinausziehen. Alle vor der Drehleiter fahrenden Fahrzeuge müssen so weit am Einsatzobjekt vorbeifahren, bis eine ausreichende Aufstellfläche für die Drehleiter vor dem Einsatzobjekt entsteht. Dies lässt sich beispielsweise dadurch erreichen, indem das erste Einsatzfahrzeug (z.B. Löschfahrzeug) mit seinem Fahrzeugheck nach der Begrenzungsmauer zum nächsten Gebäude zum Stehen kommt. Als Faustwert kann definiert werden, dass das vor der Drehleiter fahrende Fahrzeug mindestens eine Fahrzeuglänge am Einsatzobjekt vorbeizieht. Um dies erreichen zu können, ist am letzten Streckenabschnitt der Anfahrt vor dem Einsatzobjekt ein ausreichender Abstand unter den Fahrzeugen einzuhalten (mind. 10,00 m zwischen den einzelnen Fahrzeugen).

Die Drehleiter wird so vor dem Gebäude positioniert, dass möglichst alle Rettungsöffnungen des Gebäudes (z.B. Fenster, Balkone) mit dem Leitersatz bzw. Rettungskorb von einem Standplatz aus erreicht werden können.

Bewegungsraum zum Rangieren

Ein ausreichender **Bewegungsraum zum Rangieren** ist insbesondere in engen Straßen mit vielen Hindernissen in Form von am Fahrbahnrand geparkten Fahrzeugen und/oder Straßenbegrünung in Form von Bäumen zwischen Fahrbahn und Gebäuden unverzichtbar. In solchen Fällen kann es notwendig sein, den Leitersatz zwischen Bäumen und Ästen hindurch auszufahren, um das Anleiterziel zu erreichen. Hierfür muss ggf. der Abstand der Drehleiter vom Gebäude durch Rangieren auf der Fahrbahn entsprechend angepasst werden, um den notwendigen Aufrichtwinkel und Drehwinkel für den Leitersatz zu erzielen. Möglicherweise muss auch die Fahrzeuglängsachse von der Gebäudeachse weggedreht werden (siehe Abbildung 112).

Bei der Aufstellung der Fahrzeuge vor dem Gebäude ist auf einen ausreichenden Abstand zwischen den Fahrzeugen des Zugverbandes zu achten. **Zwischen erstem Löschfahrzeug (oder sonstigem vorausfahrendem Fahrzeug) und Drehleiter ist ein Mindestabstand von 7,00 m einzuhalten, um die Entnahme der tragbaren Leitern vom Fahrzeugdach des Löschfahrzeuges zu ermöglichen** (z.B. bei notwendiger paralleler Menschenrettung über tragbare Leitern an der Gebäuderückseite bzw. in einem Hinterhof). Weiterhin ist dieser Abstand zum vorausfahrenden Fahrzeug notwendig, um bei Drehleitern mit Gelenkarm den Rettungskorb vor der Drehleiter durch Abknicken des Gelenkarmes absetzen zu können (z.B. um bei Einsätzen in beengten Straßen gerettete Personen sicher aus dem Rettungskorb aussteigen zu lassen).

Mindestabstand von Drehleiter und Löschfahrzeug

Zwischen **Drehleiter und zweitem Löschfahrzeug muss ein Mindestabstand von 10,00 m** eingehalten werden, um das Ablegen des Leitersatzes über das Heck der Drehleiter zu ermöglichen. Dies ist notwendig, um beispielsweise die Montage von Wenderohr, Scheinwerfern oder handgeführtem Strahlrohr durchzuführen oder um gerettete Personen sicher aus dem Rettungskorb aussteigen zu lassen (bei Drehleitern ohne Gelenkarm).

Einsatzgrundsätze bei der Anfahrt an das Einsatzobjekt:

- Abstände im Zugverband auf dem letzten Streckenabschnitt vor dem Einsatzobjekt mindestens 10,00 m zwischen den einzelnen Fahrzeugen (z.B. HLF-DLAK-HLF).
- Abstand 1. HLF/LF *(vorausfahrendes Fahrzeug)* ↔ **DLAK mind. 7,00 m (Entnahme tragbarer Leitern vom Fahrzeugdach des HLF, Absenken des Rettungskorbes vor dem Fahrerhaus bei Drehleitern mit Gelenkarm)**
- **Abstand DLAK ↔ 2. HLF/LF mind. 10,00 m** (Ablegen des Leitersatzes nach hinten zum Anbau von Wenderohr, Krankentragenhalterung, Flaschenzugsystem, Beleuchtung oder handgeführtem Strahlrohr)

Liegt das Einsatzobjekt am Ende einer Sackgasse oder innerhalb einer beengten Straße, sollte die Drehleiter als erstes Fahrzeug in die Straße einfahren. Damit wird gewährleistet, dass die Drehleiter direkt vor dem Einsatzobjekt positioniert werden kann und – wenn notwendig – noch ausreichend Rangierfreiraum zur Verfügung hat.

In diesen Einsatzsituationen fährt die Drehleiter (ggf. als zweites Fahrzeug nach dem Einsatzleitwagen) nach erfolgter Erkundung in die Straße ein, die anderen Einsatzfahrzeuge verbleiben zunächst innerhalb eines Bereitstellungsraums vor dem Straßenabzweig bis auf Abruf bzw. fahren nach Bedarf nach der Drehleiter in die Straße ein.

Auch hier ist darauf zu achten, dass die nachfolgenden Einsatzfahrzeuge einen Mindestabstand von 10,00 m zur in Stellung gebrachten Drehleiter halten, um das ggf. notwendige Ablegen des Leitersatzes über das Heck des Fahrzeugs zu ermöglichen.

Abb. 110: Um das Ablegen des Leitersatzes über das Heck der Drehleiter zu ermöglichen, ist von nachfolgenden Einsatzfahrzeugen ein Mindestabstand von 10,00 m einzuhalten.

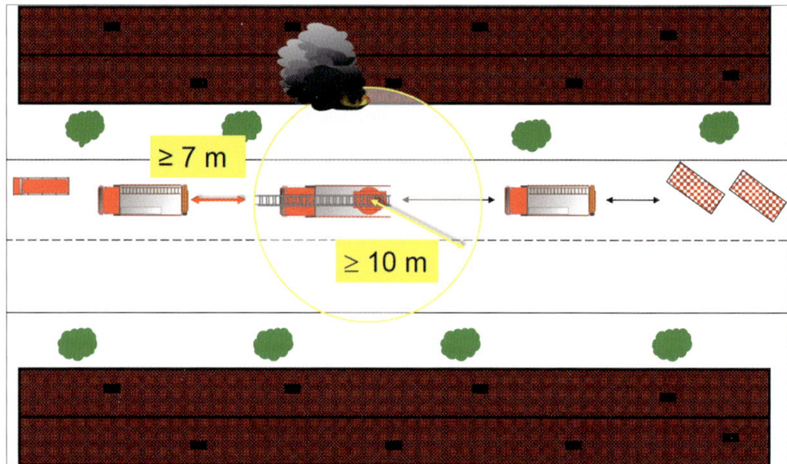

Abb. 111: Fahrzeugaufstellung in Zugformation mit ELW, LF 1, DLAK und LF 2 am Beispiel eines Brandeinsatzes in einem Gebäude in geschlossener Reihenwohnbebauung. Nach dem 2. LF der Bereitstellungsraum für die Rettungsdienstfahrzeuge (rot-weiß).

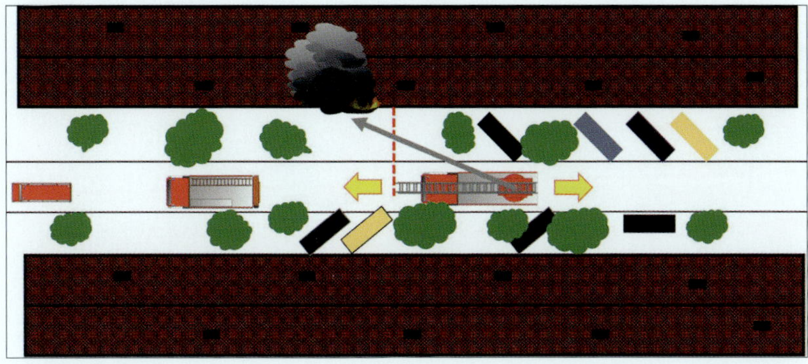

Abb. 112: Fahrzeugaufstellung unter Berücksichtigung der Freihaltung eines Rangierraumes für die Drehleiter. Insbesondere in engen Straßen mit vielen Hindernissen (geparkte Fahrzeuge, Straßenbäume, etc.) ist dieser Rangierraum elementar wichtig für die effiziente Positionierung der Drehleiter.

Einsatz mehrerer Drehleitern

Werden an der Einsatzstelle zwei Drehleitern benötigt (z.B. Bildung von beidseitigen Riegelstellungen bei einem Dachstuhlbrand), muss die Reihenfolge der Einfahrt der Fahrzeuge in die Straße mit dem Einsatzobjekt festgelegt werden. Möglicherweise ist es in einem solchen Einsatzfall sinnvoll, zunächst die erste Drehleiter, gefolgt von dem ersten Löschfahrzeug und der zweiten Drehleiter einfahren zu lassen.

Abb. 113: In beengte, verkehrsberuhigte Straßen oder Sackgassen sollte die Drehleiter als erstes Fahrzeug einfahren. Dies gilt insbesondere bei eingeschränkten Platzverhältnissen durch parkende Fahrzeuge.

Nach diesen drei Fahrzeugen können die restlichen Einsatzfahrzeuge nach Bedarf nachgezogen werden oder innerhalb eines Bereitstellungsraumes an der vorgelagerten Zufahrtsstraße in Bereitstellung verbleiben. Handelt es sich beim Einsatzobjekt um ein Gebäude mit kleinen Abmessungen, ist es sinnvoll, die zwei benötigten Drehleitern aufeinanderfolgend in die Straße einfahren zu lassen. Die Versorgung der beiden Drehleitern mit Schlauchleitungen kann von einem den beiden Drehleitern nachfolgenden Löschfahrzeug bzw. von der nächstgelegenen Hauptstraße aus erfolgen.

In Sackgassen oder beengten Straßen mit begrenztem Entwicklungsraum Drehleiter als erstes Fahrzeug einfahren lassen. Nachziehen der restlichen Einsatzfahrzeuge nach Bedarf.

4.2 Fahrzeugaufstellung

4.2.1 Anleiterarten

Es lassen sich drei grundsätzliche Anleiterarten unterscheiden, welche hinsichtlich ihrer Begrifflichkeit von drehleiter.info definiert wurden. Diese Grundanleiterarten sind:

- Frontal
- Horizontalflucht
- Vertikalflucht

Abb. 114: Frontales Anleitern an ein Wohngebäude. Die Drehleiter steht mittig vor dem Einsatzobjekt, eine große Anzahl von Rettungsöffnungen kann erreicht werden (grüne Fläche).

Frontal

Bei der Anleiterart **„Frontal“** wird die Vorderseite des Rettungskorbes parallel auf das Anleiterziel (z.B. Fenster, Balkon) an der Gebäudefront zubewegt. Der Leitersatz befindet sich hierbei in einem Winkel von 90° zur Gebäudefront. Auf diese Weise wird die größtmögliche Kontaktfläche der Korbfront mit der Gebäudefront erreicht, was den Zustieg in den Rettungskorb erleichtert.

Horizontalflucht

Bei der Anleiterart **„Horizontalflucht“** befindet sich das Anleiterziel (z.B. Fenster, Balkon) etwas zurückversetzt von der äußersten (am nächsten liegenden) Gebäudefront. Zwischen dem Standort der

Abb. 115: Anleitern in Horizontalflucht an ein Gebäude. Zwischen dem Fahrzeug (Drehkranzmitte) und dem Anleiterziel (Dachfirst) liegt ein Hindernis in Form einer vorgelagerten Gebäudekante (Dachgaube).

Drehleiter und dem Anleiterziel (z.B. in der Dachfläche etwas zurückversetztes Dachgiebelfenster) befindet sich ein Hindernis, welches mit dem Leitersatz umfahren werden muss. Beispiele für solche Hindernisse sind die Dachtraufe des Satteldachs eines Wohngebäudes oder ein vorgelagerter Gebäudeanbau.

Vertikalflucht

Die Anleiterart **„Vertikalflucht"** ist dadurch gekennzeichnet, dass an einem Anleiterziel (z.B. Fenster, Balkon) an einer von der Straße wegfliehenden Gebäudefront (z.B. linke oder rechte Gebäudeseitenfront) angeleitert werden soll. Hier wird der Leitersatz parallel zu der fliehenden Gebäudefront ausgefahren. Dabei muss ein seitlicher Min-

Abb. 116: Anleitern in Vertikalflucht an ein Gebäude. Im Idealfall können nahezu alle Rettungsöffnungen des Gebäudes mit der rechten Seite des Rettungskorbes erreicht werden.

Abb. 117: Kombination aus Vertikalflucht (gelb markierte Gebäudefläche) und Horizontalflucht (Dachkante). In diesem Fall sollten noch der Dachfirst und die drei Dachgiebelfenster erreicht werden.

Abb. 118: Kombination aus zwei Vertikalfluchten: eine Gebäudeseite wird über das Fahrzeugheck erreicht, die andere bei Drehung des Hubrettungssatzes um 90° zur Fahrzeuglängsachse.

destabstand von 1,00 m zwischen Gebäudekante und Leitersatzmitte (Drehkranzmitte) gehalten werden, um auch bei großer Ausladung noch alle Rettungsöffnungen der Gebäudefront erreichen zu können. Der seitliche Mindestabstand entspricht dem seitlichen Überstand des Rettungskorbes über den Leitersatz.

Im Einsatzfall können sich auch Abwandlungen und Kombinationen dieser Anleiterarten ergeben. Nachfolgend werden diese Begriffe bei der Beschreibung der Positionierung und der möglichen Anleitervarianten wieder aufgegriffen.

4.2.2 Positionierung der Drehleiter an der Einsatzstelle

Bei der Positionierung der Drehleiter vor dem Einsatzobjekt (z.B. Wohngebäude) ist eine möglichst parallele Lage der Rettungskorbvorderseite zum Objekt anzustreben. Damit lässt sich das Einsatzobjekt in einem 90°-Winkel anleitern, wodurch sich im Idealfall alle Rettungsöffnungen der der Straße zugewandten Gebäudefront mit dem Leitersatz abdecken bzw. erreichen lassen. Außerdem wird so ein Übersteigen in den Rettungskorb bei einer Menschenrettung insbesondere bei älteren Drehleitern mit einem zentralen Korbeinstieg an der Korbfront erleichtert. Bei Gebäuden an Straßen im innerstädtischen Bereich wird somit das Fahrgestell der Drehleiter meist parallel zur Gebäudekante stehen, insbesondere bei Gebäuden in geschlossener Reihenwohnbebauung.

minimale Rettungshöhe

Wenn auch alle Rettungsöffnungen (z.B. Fenster, Balkone) in den unteren Geschossen des Einsatzobjektes mit dem Rettungskorb erreicht werden müssen, muss bei der Fahrzeugaufstellung ein Mindestabstand zum Gebäude eingehalten werden, um die benötigte **minimale Rettungshöhe** zu erreichen.

Bei der Drehung des Leitersatzes um 90° zum Gebäude hin benötigt der eingefahrene Leitersatz bei einem Aufrichtwinkel von 0° einen **Abstand von 9,00 m**, gemessen ab Drehkranzmitte (DKM), zur Gebäudekante. Dieser Abstandswert stellt einen Standardwert dar, der für alle Drehleitern aller Hersteller und Baujahre gilt (*siehe auch Kapitel 2.7.2*). Wird dieser eingehalten, so können auch die Rettungsöffnungen der untersten Geschosse bei der Drehung des eingefahrenen Leitersatzes erreicht werden. Wird dieser Mindestabstand unterschritten, kann der Leitersatz nicht mehr im rechten Winkel auf das Gebäude ausgerichtet werden. Als Folge hiervon können einige der Rettungsöffnungen des Gebäudes mit dem Rettungskorb nicht mehr erreicht werden.

Der genaue Abstandswert der am Standort vorhandenen Drehleiter kann von dem vorstehend genannten Standardwert abweichen und sollte daher ausgemessen werden. *So beträgt beispielsweise der Abstandswert einer Metz-DLAK L32 (Baujahr 2004) ca. 8,00 m, gemessen von der Drehkranzmitte aus. Der Leitersatz ragt also ca. 6,70 m über die der Einsatzstelle zugewandten Fahrzeugflanke hinaus.*

maximale Rettungshöhe

Muss hingegen eine Rettung aus den oberen Geschossen eines hohen Gebäudes durchgeführt werden, ist ggf. die **maximale Rettungshöhe** der Drehleiter notwendig. Um die maximale Rettungshöhe einer Drehleiter erreichen zu können, muss ein **Abstand von 7,00 m**, gemessen von der Drehkranzmitte, zum Gebäude eingehalten werden. Auch bei diesem Wert handelt es sich um einen Standardwert, der für alle Drehleitern aller Hersteller und Baujahre gültig ist**. Wird dieser**

Abb. 119: Ausladung des Leitersatzes bei Drehung um 90° zur Fahrzeuglängsachse und Aufrichtwinkel nahe 0° (Abstand Drehkranzmitte zu Vorderkante Rettungskorb ca. 9,00 m).

Abstandswert zur Gebäudekante eingehalten, lässt sich unter optimalen Voraussetzungen auch das 11. OG eines Hochhauses erreichen (wenn sich das EG tatsächlich auf Erdgleiche befindet und es sich nicht um ein Gebäude mit Hochparterre handelt). In der Regel kann hierdurch das 10. OG mit dem Rettungskorb erreicht werden, um eine Rettung zu ermöglichen. Um beispielsweise bei einer DLAK 23-12 die maximale Rettungshöhe von 30 m zu erreichen, muss der Aufrichtwinkel des Leitersatzes 75° betragen. Bei Einhaltung des Abstandes von 7,00 m zwischen Drehkranzmitte und Gebäudekante kann bei einem maximalen Aufrichtwinkel von 75° und maximaler Ausfahrlänge des Leitersatzes die maximal mögliche Rettungshöhe (gemessen zwischen der waagerechten Standfläche und der Korbbodenoberseite) erreicht werden.

Wird dieser Abstand von 7,00 m überschritten, verringert sich der Aufrichtwinkel und die maximale Rettungshöhe ist bei der maximalen Ausfahrlänge des Leitersatzes nicht mehr zu erreichen.

Bei Unterschreiten dieses Abstandes kann der Leitersatz beim maximalen Aufrichtwinkel von 75° nicht mehr vollständig ausgefahren werden, da die Korbvorderseite an die Gebäudewand stößt und ein weiteres Ausfahren des Leitersatzes blockiert: Die maximale Rettungshöhe wird nicht mehr erreicht.

Abb. 120: Positionierung der Drehleiter zum Anleitern einer schwer erreichbaren Dachgaube und unter beengten Platzverhältnissen. Die Ausrichtung des Hubrettungssatzes erfolgt über den Referenzpunkt Drehkranzmitte. Die Position des Fahrgestells zum Gebäude ist dadurch zweitrangig.

Auch hierbei kann der genaue Abstandswert der am Standort vorhandenen Drehleiter von dem vorstehend genannten Standardwert abweichen und sollte daher ausgemessen werden.

So beträgt beispielsweise der Abstandswert für die maximale Rettungshöhe bei einer Metz-DLAK L32 (Baujahr 2004) ca. 6,25 m, gemessen zwischen Drehkranzmitte und Gebäudekante. Der Leitersatz ragt ca. 5,00 m über die der Einsatzstelle zugewandte Fahrzeugflanke hinaus.

Der Vorteil der Drehkranzmitte als Referenzpunkt für die Abstandsmessung ist auch hier die Tatsache, dass dabei die Stellung des Fahrgestells zum Gebäude (parallel, gedreht, frontale oder rückwärtige Anfahrt des Gebäudes) keine Rolle spielt. Auch bei Anleitern zweier Gebäudeseiten über die Gebäudeecke erleichtert die Messung der oben genannten Abstände von der Drehkranzmitte aus die exakte Positionierung der Drehleiter an der Gebäudeecke.

Die Werte für die vorstehend genannten Standardwerte der Abstände für minimale Rettungshöhe und maximale Rettungshöhe wurden nach entsprechenden Versuchen und Recherchen von Drehleiter.info ermittelt und sind in der „HAUS-Regel"[34] zu finden.

Tabelle 5: Abstände für minimale und maximale Rettungshöhe, gemessen zwischen Drehkranzmitte und Gebäudekante. Die Werte sind Standardwerte, die für alle Drehleitertypen aller Hersteller und Baujahre angewendet werden können. Tabelle nach den Werten der „HAUS-Regel"

Standardwerte für die Abstände Drehkranzmitte ↔ Einsatzobjekt:	
Für **minimale Rettungshöhe** ⇨ Rettung aus unteren Geschossen eines Gebäudes	9,00 m
Für **maximale Rettungshöhe** ⇨ Rettung aus obersten Geschossen eines hohen Gebäudes	7,00 m

Abb. 121a: Die maximale Rettungshöhe von 30 m einer DLAK 23-12 wird bei einem Aufrichtwinkel von 75° und maximaler Ausfahrlänge des Leitersatzes erreicht. Der Abstand zwischen Drehkranzmitte und Gebäudekante beträgt dabei 7,00 m. Hier wird das 11. OG eines Hochhauses mit Feuerwehrzufahrt erreicht (siehe auch Abbildung 30).

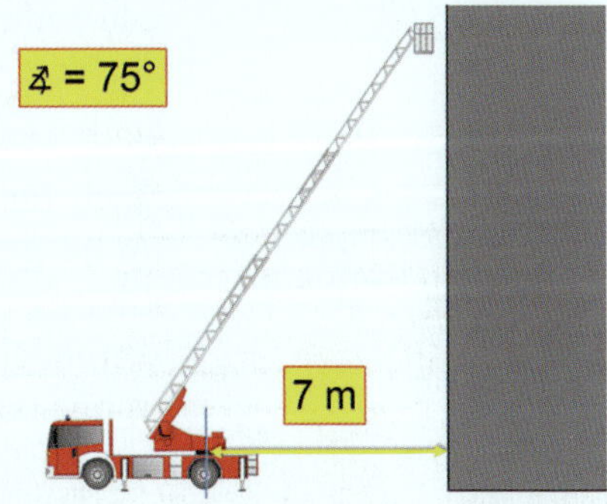

Abb. 121b: Schematische Darstellung des notwendigen Abstandes zwischen Gebäudekante und Drehkranzmitte für maximale Rettungshöhe.

[34] Siehe auch „HAUS-Regel", Jan Ole Unger, Nils Beneke; Ausgabe 7 vom 15.03.2015

■ Fahrzeugpositionierung an Eckgebäude/freistehendem Gebäude

Handelt es sich bei dem Einsatzobjekt um ein über zwei Straßen zugängliches Eckgebäude und ist die Lage bei Eintreffen unübersichtlich (z.B. Wohnungsbrand in der Nacht, große Anzahl von Personen im Gebäude vermutet, Lage des Brandherdes und Ausdehnung des Brandes unbekannt), kann die Aufstellung der Drehleiter an der Gebäudeecke sinnvoll sein. Dadurch wird die Voraussetzung geschaffen, im Bedarfsfall die Gebäudefronten an den beiden Zufahrtsstraßen von einem Standplatz aus zu erreichen und eine Menschenrettung an den Rettungsöffnungen der Wohneinheiten auf beiden Straßenseiten durchzuführen.

Eine beispielhafte Einsatzsituation kann auch ein nächtlicher Kellerbrand in einem Wohngebäude mit verrauchtem Treppenraum aufgrund offenstehender Kellertüren darstellen. Die schlafenden Bewohner des Gebäudes werden durch die eintreffende Feuerwehr geweckt und damit auf den Brand aufmerksam. Der Versuch, durch das bekannte Treppenhaus zu flüchten, schlägt aufgrund der Verrauchung fehl. Die Bewohner flüchten in ihre Wohnung zurück und können möglicherweise aufgrund der massiven Rauchentwicklung die Wohnungstüre nicht mehr schließen. Sie sind in ihrer verrauchten Wohnung eingeschlossen und massiv gefährdet, ein anfänglich eher „banaler" Einsatz entwickelt sich damit zu einem dramatischen Einsatz mit Menschenrettung. Dieses Szenario ist durchaus realistisch und kommt immer wieder vor. Wird hier die möglicherweise einzige zur Verfügung stehende Drehleiter an der falschen Stelle positioniert, kann die Menschenrettung massiv beeinträchtigt werden.

Sicherstellung eines schnellen Rettungsweges

Auch für die Sicherstellung eines schnellen Rettungsweges für die im Innenangriff im Gebäude eingesetzten Einsatzkräfte unter Atemschutz ist diese Anleitervariante sinnvoll, da hierdurch eine Vielzahl von möglichen Rettungsöffnungen durch eine Drehleiter abgedeckt werden kann (*siehe auch Kapitel 3.1.2*).

Diese Möglichkeit besteht auch bei freistehenden Gebäuden mit einer Zufahrtsstraße und mehreren Wohneinheiten, die auf verschiedenen Gebäudeseiten angeordnet sind.

In den vorstehend genannten Einsatzfällen wird bei der Positionierung der Drehleiter die Drehkranzmitte mit der Gebäudeflucht, welche von der Längsachse der Drehleiter wegführt, in Deckung gebracht.

Dabei ist der seitliche Überstand des Rettungskorbes bei ausgefahrenem Leitersatz mit einzukalkulieren und ein Abstand von 1,00 m zwischen Drehkranzmitte und Gebäudekante einzuhalten. So lassen sich auch weiter entfernte Rettungsöffnungen in der Vertikalflucht bis zur Benutzungsgrenze sicher erreichen.

Sollen auch hier die unteren Rettungsöffnungen der Gebäudefront parallel zur Fahrzeuglängsachse erreicht werden (= minimale Rettungshöhe), so muss auch zu dieser Gebäudekante ein Mindestabstand von 9,00 m, gemessen zwischen Drehkranzmitte und Gebäudekante, eingehalten werden (siehe auch Kapitel2.7.2). Hierdurch wird allerdings die Ausladung in der Vertikalflucht an der zweiten (vom Fahrzeug wegfliehenden) Gebäudeseite verringert. In diesem Fall muss entschieden werden, welche Rettungsöffnungen an beiden Gebäudeseiten die oberste Priorität hinsichtlich ihrer Erreichbarkeit haben.

Je nach Positionierung der Drehleiter vor dem Gebäude kann die parallel zur Fahrzeuglängsachse liegende Gebäudefront entweder über das Fahrerhaus oder das Fahrzeugheck angeleitert werden. Bei entsprechenden Platzverhältnissen vor dem Einsatzobjekt kann die Drehleiter auch schräg im 45°-Winkel an der Ge-

Abb. 122: Beispiel für Fahrzeugaufstellung an einer Gebäudeecke. Um alle Rettungsöffnungen in der Tiefe der Gebäudefassade erreichen zu können, ist ein Abstand von ca. 1,00 m zwischen Drehkranzmitte und Gebäudewand erforderlich (seitlicher Überstand Rettungskorb).

Abb. 123: Beispiel für Fahrzeugaufstellung an einer Gebäudeecke. Anleitern der parallel zur Fahrzeuglängsachse verlaufenden Gebäudeflucht über das Fahrerhaus.

Abb. 124a und b: Beispiel für Fahrzeugaufstellung an einer Gebäudeecke. Anleitern der parallel zur Fahrzeuglängsachse verlaufenden Gebäudeflucht über das Fahrzeugheck und der zweiten Gebäudeflucht über die linke Fahrzeugflanke.

bäudeecke positioniert werden. Hierdurch entsteht durch den Wegfall der Einschränkungen über und seitlich des Fahrerhauses ein größeres Benutzungsfeld.

Stehen von Beginn des Einsatzes an zwei Drehleitern zur Verfügung, kann jeweils ein Fahrzeug pro Gebäudeseite eingesetzt werden.

4.2.3 Anleitervarianten am Einsatzobjekt

Je nach Einsatzlage, Art des Einsatzobjektes und den örtlichen Platzverhältnissen im Umfeld des Einsatzobjektes sind drei unterschiedliche Anleitervarianten am Objekt möglich:

- Anleitern über die Fahrzeugflanken links/rechts mit Drehen des Leitersatzes um 90° zur Fahrzeuglängsachse
- Anleitern in spitzem Winkel zur Fahrzeugflanke bzw. Anleitern über Fahrerhaus
- Anleitern über Fahrzeugheck

Soweit möglich sollte über die Fahrzeugflanken angeleitert werden. Hierdurch wird bei optimaler Positionierung des Fahrzeuges der größtmögliche Abdeckung der Gebäudefront erreicht. In besonderen Lagen und unter beengten örtlichen Platzverhältnissen muss jedoch ggf. eine der anderen beiden Anleitervarianten gewählt werden, die ebenfalls gewisse Vorteile aufweisen.

Anleitern über Fahrzeugflanke

Anleitern über Fahrzeugflanke

Wenn möglich sollte das Einsatzobjekt über die linke bzw. rechte Fahrzeugflanke angeleitert werden. Bei dieser Anleitervariante kommt die Drehleiter in der Regel mit ihrer Fahrzeuglängsachse parallel zum Einsatzobjekt zum Stehen. Der Leitersatz wird um 90° zur Fahrzeuglängsachse zur Seite gedreht, wodurch im Idealfall die zu erreichende Rettungsöffnung mit der Korbfront angefahren werden kann.

Bei Platzierung der Drehleiter vor der Mitte der Gebäudefront können im Idealfall alle Gebäudeöffnungen des Einsatzobjektes mit dem

Abb. 125: Anleitern des Einsatzobjektes über die Fahrzeugflanke, Leitersatz um 90° zur Fahrzeuglängsachse weggedreht. Erreichbarkeit einer Vielzahl von Gebäudeöffnungen des Einsatzobjektes.

Rettungskorb erreicht werden. Wenn die Platzverhältnisse innerhalb der Aufstellfläche vor dem Einsatzobjekt dies zulassen (und es sich nicht um ein hohes Gebäude handelt), sollte der Mindestabstand von 9,00 m zum Gebäude wie vorstehend beschrieben, gemessen zwischen Drehkranzmitte und Gebäudekante, eingehalten werden (*siehe auch Kapitel 4.2.2*). Hierdurch ist die Erreichbarkeit der Rettungsöffnungen des 1. Obergeschosses im Gebäude gewährleistet.

Die Drehleiter sollte so innerhalb der Straßenfläche aufgestellt werden, dass die Abstützungen auf der belasteten (dem Einsatzobjekt zugewandten) Fahrzeugseite auf die maximale Ausfahrlänge ausgefahren werden können. Auf der dem Einsatzobjekt abgewandten Fahrzeugseite ist das Ausfahren der Abstützungen auf minimale Abstützbreite (Fahrzeugkonturabstützung) ausreichend.

Anleitern des Einsatzobjektes über Fahrerhaus oder Fahrzeugheck

Anleitern über Fahrerhaus oder Heck

Wenn aufgrund von beengten Platzverhältnissen auf der Verkehrsfläche das Anleitern der unteren Geschosse des Einsatzobjektes nicht möglich ist, muss eine andere Positionierung des Fahrzeugs an der Einsatzstelle erfolgen. Gründe hierfür sind beispielsweise geringe Fahrbahnbreiten, Einschränkungen des Straßenraumes durch geparkte Fahrzeuge oder bauliche Fahrbahneinengungen in verkehrsberuhigten Zonen. Diese Einschränkungen haben zur Folge, dass eine Drehung des Leitersatzes um 90° zum Einsatzobjekt (z.B. Gebäude) hin nicht möglich ist, weil die Platzverhältnisse den Überstand des Drehgestells auf der der Einsatzstelle abgekehrten Fahrzeugflanke und damit die Drehbarkeit des Hubrettungssatzes einschränken. Außerdem kann hierdurch der erforderliche Mindestabstand zum Gebäude zu klein sein, um den Leitersatz mit dem Rettungskorb zu den Rettungsöffnungen des 1. OG (und ggf. auch des 2. OG) absenken zu können.

Diese erschwerten Bedingungen lassen sich in beinahe allen Städten mit altem Stadtkern finden, die durch enge Straßen und Gassen sowie eine meist problematische Parksituation in den engen Straßen gekennzeichnet sind. Auch die derzeit stattfindende „Nachverdichtung" von Wohnraum in den Innenstädten und den Wohnvierteln der Vororte lassen durch die sich damit verschärfende Parksituation derartige für einen Drehleitereinsatz problematische Platzverhältnisse entstehen. Hier muss dann bei der Positionierung der Drehleiter improvisiert werden.

Abb. 126: Wenn die örtlichen Platzverhältnisse im Bereich der Aufstellfläche das Anleitern des Einsatzobjektes über die Fahrzeugflanke nicht zulassen, muss eine andere Anleitervariante gewählt werden. In diesem Fall ist der Abstand zwischen Fahrzeugkante und Einsatzobjekt zu gering, um den Rettungskorb bis auf das 1.OG absenken zu können.

(Anmerkung: Mit einer Drehleiter mit Gelenkarm wäre in einer solchen Situation wenigstens das 2. OG erreichbar.)

In den vorstehend geschilderten Fällen ist daher insbesondere mit Standarddrehleitern ohne Gelenkteil eine andere Taktik für die Aufstellung der Drehleiter und das Anleitern am Objekt notwendig; es bestehen zwei Möglichkeiten der Fahrzeugaufstellung:

- Drehleiter über die Einsatzstelle (Einsatzobjekt) hinausziehen → **Anleitern über Fahrzeugheck**
- Drehleiter vor der Einsatzstelle (Einsatzobjekt) stoppen → **Anleitern über Fahrerhaus** der Drehleiter bzw. im spitzen Winkel zur Fahrzeugflanke.

Bei der Anleitermethode **„Anleitern über Fahrzeugheck"** muss die Drehleiter soweit über die Einsatzstelle (z.B. Gebäude) hinausgezogen werden, dass mit eingefahrenem Leitersatz noch alle Rettungsöffnungen des Gebäudes erreicht werden können. Hierfür ist ein Abstand von ca. 7,00 m zwischen dem Fahrzeugheck der Drehleiter und der der Drehleiter am nächsten liegenden Gebäudebegrenzungsmauer (= Übergang zum nächsten Gebäude) erforderlich. Gemessen zwischen Drehkranzmitte und Gebäudebegrenzungsmauer ergibt sich hier ebenfalls ein Abstand von 9,00 m (siehe auch Kapitel 4.2.2).

Bei einer Fahrzeuglänge von ca. 10,00 m muss daher der Drehleitermaschinist das Fahrzeug mit dem Fahrerhaus ca. 17,00 m an der Einsatzstelle vorbeiziehen, um alle Rettungsöffnungen an der gesamten Gebäudefront erreichen zu können. Dies wirkt sich auf die der Drehleiter voranfahrenden Einsatzfahrzeuge aus, die ebenfalls entsprechend weit über die Einsatzstelle hinausfahren oder, wenn möglich, ggf. in eine Seitenstraße einfahren müssen.

Der Vorteil dieser Variante liegt darin, dass tatsächlich alle Rettungsöffnungen des Einsatzobjektes abhängig von der Gebäudegröße mit dem Rettungskorb innerhalb des Benutzungsfeldes mit der maximal möglichen Korbzuladung (z.B. 3-Personen-Benutzungsfeld) der Drehleiter erreichbar sind.

Dies liegt daran, dass bis zu einem Winkel von 15° beidseits der Fahrzeuglängsachse das maximale Benutzungsfeld mit der größtmöglichen

Korbzuladung zur Verfügung steht – auch bei minimaler Abstützbreite beidseits des Fahrzeuges.

Ein weiterer Vorteil bei dieser Anleitermethode ist der, dass der Rettungskorb hinter dem Fahrzeug auf der Straße abgelegt werden kann, was den Ausstieg geretteter Personen erleichtert. So können auch Anbauelemente wie beispielsweise Krankentragenhalterung, Flaschenzugsystem oder Scheinwerfer leichter montiert werden.

Der Platzbedarf an der Einsatzstelle ist jedoch bei dieser Anleitermethode enorm groß, der Zugverband wird über eine große Länge der

Abb. 127: Bei der Einsatzvariante „Anleitern über Fahrzeugheck" fährt die Drehleiter zunächst am Einsatzobjekt vorbei. Anschließend wird der Leitersatz um 180° gedreht. Hierdurch können mit dem Rettungskorb alle Gebäudeöffnungen erreicht werden.

Zufahrtsstraße auseinandergezogen. Außerdem muss die Möglichkeit bestehen, den Hubrettungssatz um 180° über das Fahrzeugheck zu drehen, wofür auf wenigstens einer Fahrzeugseite ausreichend Platz für die drehende Lafette des Drehgestells vorhanden sein muss. Hierfür werden 2,00 m Freiraum bis zum nächsten Hindernis benötigt, ein vorhandenes Hindernis in diesem Bereich darf maximal eine Höhe von 1,50 m aufweisen (*siehe auch Kapitel 2.7.2*).

Anleitern über Fahrerhaus

Bei der Anleitermethode **„Anleitern über Fahrerhaus"** der Drehleiter wird das Fahrzeug vor dem Einsatzobjekt (z.B. Wohngebäude) gestoppt. Der Boden des eingeklappten Rettungskorbes bildet dabei eine Linie mit der in Fahrtrichtung ersten Begrenzungsmauer des Einsatzobjektes (z.B. Wohngebäude in einer geschlossenen Reihenbebauung). Dadurch wird sichergestellt, dass der Großteil der Rettungsöffnungen bzw. Punkte am Gebäude mit dem Rettungskorb erreicht werden können.

Abb. 128: Bei der Einsatzvariante „Anleitern über Fahrerhaus" bilden der Boden des eingeklappten Rettungskorbes und die Begrenzungsmauer des Einsatzobjektes (gelb) bei der Anfahrt eine Linie. Dadurch lassen sich auch die der Drehleiter nächstgelegenen Gebäudeöffnungen mit dem Rettungskorb erreichen.

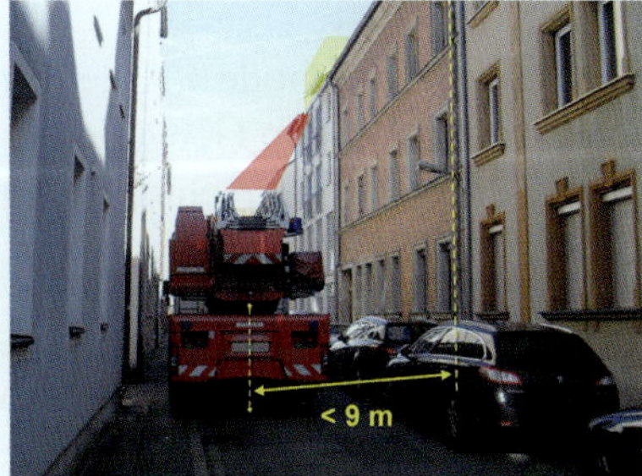

Abb. 129: Ist der Abstand zwischen Fahrzeug und Gebäudekante aufgrund beengter Platzverhältnisse in der Straße kleiner als 9,00 m (gemessen zwischen Drehkranzmitte und Gebäudekante), kann die Rettungsöffnung (gelbe Markierung) über das Fahrerhaus angeleitert werden.

Nach Abstützung des Fahrzeuges und Aufklappen des Rettungskorbes kann nahezu die gesamte Gebäudefront mit der linken bzw. rechten Seite bzw. den vorderen Ecken des Rettungskorbes erreicht werden.

Dabei werden die Gebäudeöffnungen durch Ausfahren des Leitersatzes über das Fahrerhaus hinaus und ggf. unter geringer Drehung des

Leitersatzes über die linke oder rechte Fahrzeugflanke (Anleitern im spitzen Winkel zur Fahrzeugflanke) hinweg angefahren.

Einschränkungen bestehen bei der Erreichbarkeit der Rettungsöffnungen im Erdgeschoss und im ersten Obergeschoss. Durch die Einschränkung des vertikalen Benutzungsfeldes über dem Fahrerhaus bzw. unmittelbar zu beiden Seiten des Fahrerhauses sind Erdgeschoss und das erste Obergeschoss mit dem Rettungskorb nicht zu erreichen. Bei Drehleitern mit Gelenkarm können jedoch auch bei dieser Anleitermethode die Rettungsöffnungen des 1. Obergeschosses erreicht werden, wenn der Gelenkarm abgeknickt wird.

Beim Einsatz von Drehleitern mit Gelenkarm lassen sich auch bei der Anleitermethode „Anleitern über Fahrerhaus" nahezu alle Rettungsöffnungen im 1. Obergeschoss mit dem Rettungskorb erreichen.

Die Anleitermethode „Anleitern über Fahrerhaus" kann auch bei Einsätzen an hohen Gebäuden erforderlich werden, welche mit einer Feuerwehrzufahrt erschlossen sind.

Die Anlage bzw. der Zustand der Feuerwehrzufahrt vor dem Gebäude kann die verfügbare Aufstellfläche für die Drehleiter derart einschränken, dass die betreffende Rettungsöffnung ebenfalls über das Fahrerhaus angeleitert werden muss.

Abb. 130a und b: Anleitern eines Einsatzobjektes über das Fahrerhaus in einer engen Innenstadtstraße. Die Gebäudeöffnungen im 1. OG sind aufgrund der Einschränkungen des Benutzungsfeldes über dem Fahrerhaus mit dem Rettungskorb nicht erreichbar (eine Ausnahme bildet hier eine Drehleiter mit Gelenkarm).

Dies kann dann notwendig sein, wenn eine Feuerwehrzufahrt durch umgebende Bäume oder Büsche stark in ihrer Breite eingeschränkt wird.

In einem solchen Einsatzfall wird bei zeitkritischen Einsätzen (z.B. Menschenrettung) mit der Drehleiter vorwärts in die Zufahrt eingefahren, das Fahrzeug mit der größtmöglichen Stützbreite abgestützt und anschließend die entsprechende Rettungsöffnung bzw. das Anleiterziel am Gebäude über das Fahrerhaus angeleitert. Dabei ist die Drehleiter so auf der befestigten Aufstellfläche zu positionieren, dass auf der dem Einsatzobjekt zugewandten Fahrzeugseite die Abstützung komplett auf ihre volle Länge ausgefahren werden kann.

Bei dieser Anleitermethode ist bei der Fahrzeugaufstellung der seitliche Überstand des Rettungskorbes über den Leitersatz zu beachten. Der Abstand der Drehleiter vom Gebäude muss so groß gewählt werden, dass der Rettungskorb an der gesamten Fassadenfläche mit der Seitenwand parallel entlang der Gebäudefassade bewegt werden kann. Hierfür ist ein seitlicher Abstand zwischen ausgefahrenem Leitersatz und Gebäudewand von 1,00 m erforderlich. Der Leitersatz mit dem Rettungskorb muss möglichst parallel zur Gebäudefassade bewegt werden, um den Zustieg in den Korb zu erleichtern.

Abb. 131a und b: Anleitern einer Gebäudefassade über das Fahrerhaus mit der rechten Korbwand. Bei dieser Aufstellung können bis zu drei Gebäudefronten erreicht werden. Einschränkungen bestehen in diesem Fall bei den Fassadenabschnitten 2 und 3 durch den vorgelagerten Baum. Zwischen Leitersatz und Gebäudewand sollte ein Abstand von 1,00 m eingehalten werden.

■ Rückwärtige Anfahrt des Einsatzobjektes

Eine weitere Variante der Fahrzeugaufstellung ist das Anfahren des Einsatzobjektes mit dem Fahrzeugheck und das anschließende Anleitern des Objektes über die Fahrzeugflanken (links/rechts) sowie über das Fahrzeugheck und über das Fahrerhaus.

Diese Anleitermethode kann ebenfalls wie vorstehend aufgeführt bei Einsätzen in Objekten mit Feuerwehrzufahrt notwendig werden, bei welchen die Aufstellflächen innerhalb der Feuerwehrzufahrten eingeschränkt sind.

Sie kann beispielsweise bei folgenden Situationen zum Einsatz kommen:

- Unklare Einsatzlage zu Beginn des Einsatzes (z.B. Brandeinsatz in räumlich ausgedehntem Wohngebäude mit unbekannter Lokalisation und Anzahl zu rettender Personen)
- Notwendigkeit der Ausschöpfung der maximalen Ausladung des Leitersatzes (z.B. Menschenrettung über Krankentragenhalterung oder Flaschenzug mit Schleifkorbtrage)
- Notwendigkeit des Erreichens mehrerer Gebäudefronten von einem Standplatz aus.

Diese drei Kriterien in Verbindung mit einer eingeschränkten Feuerwehrzufahrt stellen eine Einsatzindikation dieser Anleitermethode dar.

Bei der Durchführung der Fahrzeugpositionierung ist ein reibungsloses Zusammenspiel von Einweiser und Drehleitermaschinisten erforderlich. Da die Breite der Feuerwehrzufahrten auf 3,00 m (geforderte Mindestbreite) begrenzt ist, verbleibt auf beiden Seiten des Fahrzeuges zwischen den Fahrzeugaußenkanten und der Zufahrtsbegrenzung wenig Platz zum Rangieren.[35]

Darüber hinaus ist auf weitere Hindernisse wie beispielsweise Verkehrsschilder, Bäume bzw. Buschwerk, Straßenlaternen und parkende Fahrzeuge im Bereich des Fahrzeughecks bzw. des Überstandes des Rettungskorbes über dem Fahrerhaus sowie den Fahrzeugflanken zu achten. Hier kommt dem Einweiser eine besondere Verantwortung als zusätzliches „Auge" des Drehleitermaschinisten zu. Bei nächtlichen Einsätzen muss ggf. die Zufahrt hinter der rückwärtsfahrenden Drehleiter mit Handscheinwerfern ausgeleuchtet werden. Hierbei sind insbesondere einengende Hindernisse anzuleuchten, so dass diese vom

[35] Siehe auch Richtlinie über Flächen für die Feuerwehr.

Abb. 132: Erleichterung der rückwärtigen Anfahrt eines Gebäudes in der Nacht durch an den Außenspiegeln angebrachte LED-Scheinwerfer.

Abb. 133: Rückwärtige Anfahrt eines Gebäudes über eine beengte Feuerwehrzufahrt (Zaun, Vegetation). Bei dieser Aufstellung können bei maximal ausgefahrenen Abstützungen große Teile der drei Gebäudefronten innerhalb des 3-Personen-Benutzungsfeldes erreicht werden.

Abb. 134: Rückwärtige Anfahrt eines Gebäudes über eine beengte Zufahrt. Würde in diesem Fall das Einsatzobjekt vorwärts angefahren, könnte das Anleiterziel in der Gebäudenische nicht erreicht werden.

Abb. 135: Beim Einfahren in die Feuerwehrzufahrt ist auf vorhandene Hindernisse im Bereich des Fahrzeughecks, der Fahrzeugflanken und des Korbüberstandes zu achten.

Maschinisten in den Rückspiegeln erkannt werden können. Hilfreich sind dabei auch an den Rückspiegeln installierte Rückfahrscheinwerfer mit LED-Technik.

Nachteilig bei dieser Anleitermethode wirkt sich der deutlich erhöhte Zeitaufwand für die Positionierung des Fahrzeuges durch das Rangieren des Fahrzeugs in der Rückwärtsfahrt, insbesondere bei Nacht, aus. Bedingt durch ungünstige Witterungsbedingungen (z.B. Regen, Nebel, Schneefall) kann die Positionierung des Fahrzeugs zusätzlich erschwert sein.

4.2.4 Abstützproblematik auf beengten Verkehrsflächen

Abstützbreite

Generell ist bei der Aufstellung des Fahrzeugs stets die maximale Abstützbreite anzustreben. Insbesondere auf der dem Einsatzobjekt zugewandten Fahrzeugseite sollten beide Abstützungen auf die maximal mögliche Länge ausgefahren werden. In räumlich beengten Straßen ist dies jedoch aufgrund von Hindernissen nicht immer möglich. Geparkte Fahrzeuge engen die verfügbare Aufstellfläche auf der Straße ebenso ein wie Bordsteinkanten oder Pflanztröge bzw. Baumpflanzungen in verkehrsberuhigten Zonen.

In diesen Fällen können die Abstützungen oftmals nur auf minimale Abstützbreite (Fahrzeugkonturabstützung) ausgefahren werden. Hierdurch ist das Benutzungsfeld eingeschränkt, die Ausladungswerte zu beiden Seiten des Fahrzeuges sind reduziert. Bis zu einem Winkel von 15° beidseits der Fahrzeuglängsachse im Front- u. Heckbereich des Fahrzeuges bestehen auch bei Minimalabstützung keine Einschränkungen des Benutzungsfeldes (*siehe Kapitel 1.4.1*).

Da in derart beengten Straßen jedoch meist keine großen Ausladungswerte für das Anleitern an die Rettungsöffnungen der Gebäude (z.B. Fenster, Balkone an der der Straße zugekehrten Gebäudeseite) benötigt werden, reicht hier in der Regel die Abstützung der Drehleiter mit minimaler Abstützbreite für eine Menschenrettung und den Einsatz der Krankentragenhalterung aus. Die notwendigen Ausladungswerte, gemessen zwischen Fahrzeugkante (und damit Außenkanten der Bodendruckplatten der belasteten Abstützungen) und Gebäudefront, variieren in solchen Fällen in der Regel zwischen ca. 4,00 m und 8,00 m (Breite Gehweg zuzüglich Park- bzw. Grünstreifen).

Abb. 136: Maximal mögliche Ausladung innerhalb des 3-Personen-Benutzungsfeldes (3-Personen-Rettungskorb) bei Minimalabstützung am Beispiel einer Metz-Drehleiter DLAK 23/12 des Baujahres 2004.

Die bei Minimalabstützung erreichbaren Ausladungswerte einer DLAK 23-12 des Modelljahres 2004 beispielsweise liegen jedoch bei einer maximalen Korbzuladung von 3 Personen (bei 3-Personen-Rettungskorb innerhalb des 3-Personen-Benutzungsfeldes) bei bis zu ca. 9,70 m (Metz-Drehleiter) bzw. ca. 10,80 m (Magirus-Drehleiter). Diese Werte gelten bei Drehung des Leitersatzes um 90° zur Fahrzeuglängsachse und Anleitern über die Fahrzeugflanke.

Drehleitern neuerer Baujahre weisen in Abhängigkeit der technischen Ausführung (vierteiliger/fünfteiliger Leitersatz, teleskopierbares/nicht teleskopierbares Gelenkteil, etc.) in der Regel ähnliche Werte auf. So erreicht beispielsweise eine Magirus-Drehleiter M 32 L-AS mit Gelenkarm einen Ausladungswert von ca. 9,70 m bei Minimalabstützung und einer möglichen Korbzuladung von 3 Personen.

Die genauen Werte des am Standort verfügbaren Fahrzeuges sollten im Vorfeld ausgemessen werden, um im Einsatzfall ggf. auf diese ermittelten Werte zurückgreifen zu können.

Abb. 137: Maximal mögliche Ausladung innerhalb des 3-Personen-Benutzungsfeldes (3-Personen-Rettungskorb) bei Minimalabstützung am Beispiel einer Magirus-Drehleiter DLAK 23/12 des Baujahres 2015 (M 32 L-AS).

Die Besatzungen der Drehleiter (Maschinisten, Fahrzeugführer, Besatzungsmitglieder, etc.) müssen die technischen Grenzen der am Standort vorhandenen Drehleiter kennen. Insbesondere die Leistungsgrenzen (maximal mögliche Korbzuladungen) der eigenen Drehleiter bei Minimalabstützung und seitlicher Ausladung des Leitersatzes sollte den Einsatzkräften bekannt sein.

Bei Anleitern über das Fahrerhaus bzw. über das Fahrzeugheck der Drehleiter erhöhen sich die möglichen Ausladungswerte zu beiden Seiten des Fahrzeugs nochmals um einige Meter.

Bei Vorwahl eines verringerten Benutzungsfeldes (z.B. 2-Personen-Benutzungsfeld bei einem 3-Personen-Rettungskorb) ist schließlich eine weitere Vergrößerung der Ausladungswerte sowohl bei Drehung des Leitersatzes um 90° zur Fahrzeuglängsachse als auch bei Ausfahren des Leitersatzes im Bereich über dem Fahrerhaus oder dem Fahrzeugheck möglich. Oftmals reicht dieser Zuladungswert für eine Menschenrettung im nahen Umfeld der Drehleiter aus.

Wenn die Platzverhältnisse im Bereich der Aufstellfläche eine Abstützung mit maximaler Abstützbreite nicht zulassen, jedoch mehr als die Fahrzeugbreite als Abstützfläche zur Verfügung steht, sind die Abstützungen auf der belasteten Fahrzeugseite (zum Einsatzobjekt hin) soweit als möglich auszufahren.

Die oben aufgeführten Ausladungswerte lassen sich nochmals vergrößern, wenn die Abstützungen wenigstens auf die Breite der Bodendruckplatten ausgefahren werden. Dies ist auch in durch geparkte Fahrzeuge eingeengten Straßen oftmals möglich. Jeder zusätzliche Zentimeter, den die Abstützungen weiter ausgefahren werden, hat eine Vergrößerung des verfügbaren Benutzungsfeldes bei maximal möglicher Korbzuladung zur Folge.

Um die Ausfahrlänge der einzelnen Abstützungen jeweils optimal an die verfügbaren Platzverhältnisse anpassen zu können, sind die Abstützungen per Einzelsteuerung auszufahren und abzusenken.

Abb. 138: Ausfahren der Abstützungen entsprechend der verfügbaren Platzverhältnisse zur optimalen Ausnutzung des möglichen Benutzungsfeldes.

4.2.5 Einweisung der Drehleiter an der Einsatzstelle durch den Einheitsführer

Bei der Anfahrt der Drehleiter an die Einsatzstelle ist bei Erreichen des Einsatzobjektes auf einen ausreichenden Abstand zu den vorausfahrenden Fahrzeugen zu achten (*siehe Kapitel 4.1*). Bei Erreichen des Einsatzobjektes mit der Drehleiter sollte das Fahrzeug einige Meter vor der Einsatzstelle anhalten, um sich entsprechend der Erkundungsergebnisse alle Anfahrtsmöglichkeiten (z.B. Feuerwehrzufahrt, Seitenstraße, Tordurchfahrt, Aufstellung an Gebäudeecke, etc.) zu dem Einsatzobjekt offenzuhalten. Ist die Drehleiter erst einmal an der Einsatzstelle positioniert, lässt sich der Fahrzeugstandplatz nur noch unter großen Schwierigkeiten mit entsprechendem Zeitverlust ändern. Schließen nachrückende Einsatzfahrzeuge (z.B. von Feuerwehr, Rettungsdienst oder Polizei) auf die Drehleiter auf, ist ein Wechsel der Fahrzeugposition nicht mehr durchführbar.

Abb. 139: Bei der Wahl der Aufstellfläche vor dem Einsatzobjekt ist eine Vielzahl von Störeinflüssen zu berücksichtigen. Hier beispielsweise Hindernisse im Drehbereich des Drehgestelles und im Bereich der Abstützungen sowie ein zu geringer Abstand zwischen Drehleiter und Einsatzobjekt.

Einsatztaktische Besonderheiten des Einsatzobjektes hinsichtlich der Anfahrt können – soweit vorhanden – dem entsprechenden Einsatzplan für das angefahrene Objekt bzw. der Anfahrtsbeschreibung (z.B. Alarmierungsausdruck) entnommen werden. Der die Drehleiter führende Einheitsführer (Gruppenführer oder Fahrzeugführer) sollte sich während der Anfahrt mit diesen objektspezifischen Gegebenheiten vertraut machen.

Erkundung der Einsatzstelle

Nach Stoppen der Drehleiter einige Meter vor dem Einsatzobjekt wird durch den verantwortlichen Einheitsführer zunächst eine Erkundung der Einsatzstelle durchgeführt bzw. Rücksprache mit dem Verbandsführer (z.B. Zugführer) gehalten.

Wenn aufgrund der Lageermittlung der Einsatz der Drehleiter erforderlich ist, muss diese nun durch den zuständigen Einheitsführer eingewiesen werden.

Einweisung des Fahrzeuges

Bei der Einweisung des Fahrzeuges hat der Einheitsführer bzw. Einweiser eine Vielzahl von Störeinflüssen zu beachten, die Fahrzeugaufstellung und Anleitern des Einsatzobjektes erschweren können.

Diese Störeinflüsse sind insbesondere:

- Hindernisse im Bereich der Abstützungen (Aufstellfläche) bzw. des sich bewegenden Leitersatzes (Luftraum über und neben dem Fahrzeug)
- Zu geringe bzw. zu große Abstände zwischen Drehleiter und Einsatzobjekt oder zwischen den Einsatzfahrzeugen an der Einsatzstelle untereinander

- Mangelnde Tragfähigkeit des Untergrundes der Aufstellfläche bzw. Störelemente im Bereich der Aufstellfläche (z.B. Kanaldeckel, Gehwege, unbefestigte Flächen, etc.).

Im ungünstigsten Fall können einer oder mehrere dieser Störeinflüsse eine Fahrzeugaufstellung an der vorgesehenen Stelle verhindern. In diesem Fall muss eine andere Aufstellfläche gesucht werden.

Zur Erleichterung des Einweisungsvorganges und Erhöhung der Sicherheit des Drehleitereinsatzes an der Einsatzstelle unter Zeitdruck bzw. äußeren Störeinflüssen wurde von Drehleiter.info die HAUS-Regel[36] definiert (*siehe auch Kapitel 2.7*).

Beispiel für die Einweisung einer Drehleiter bei der Aufstellung vor einem Wohngebäude in geschlossener Reihenbebauung innerorts

Für die Einweisung der Drehleiter in die korrekte Position vor dem Einsatzobjekt muss die einweisende Einsatzkraft (z.B. Einheitsführer) Sichtkontakt mit dem Anleiterziel haben. Dabei muss der Einweiser die vorstehend aufgeführten Hindernisse im Umfeld des Einsatzobjektes beachten. Im Verlauf der Positionierung des Fahrzeuges wird sich die Drehkranzmitte ca. 2,00 m (oder zwei Schritte) vor diesem Standplatz des Einweisers befinden, also näher am Einsatzobjekt. Das Heranrücken an das Einsatzobjekt um diese 2,00 m wird dadurch ermöglicht, weil sich der Leitersatz auf der Lafette ca. 1,50 m höher als die Augenhöhe des Einweisers befindet.

Wurde die Drehleiter an einem weiter entfernten Bereitstellungsplatz (z.B. an einer vorgelagerten Straßenkreuzung) gestoppt, kann zum leichteren erneuten Auffinden der Position der Drehkranzmitte eine Markierung an dieser Stelle gesetzt werden. Hierfür eignet sich beispielsweise eine LED-Warnleuchte, die an der ermittelten Position der Drehkranzmitte auf dem Boden abgelegt wird. Somit ist die ermittelte Fahrzeugposition auch bei Dunkelheit leichter auffindbar.

Hat der Fahrzeugeinweiser durch die Standplatzwahl den erforderlichen Sichtkontakt zum Anleiterziel hergestellt und die Position der Drehkranzmitte ermittelt, winkt er die in Bereitstellung stehende Drehleiter zu sich heran bzw. gibt dem Drehleitermaschinisten über Einsatzstellenfunk die hierfür erforderlichen Anweisungen.

---

[36] „HAUS-Regel", Ausgabe 7 vom 15.03.2015, Jan Ole Unger, Nils Beneke

Bei der Anfahrt der Drehleiter weist er den Maschinisten per Handzeichen[37] in die erforderliche Position des Fahrzeuges auf der Straße/ Aufstellfläche unter Berücksichtigung der vorhandenen Hindernisse am Straßenrand ein. Er lässt die Drehleiter entweder

- mit kleinem Abstand zum Fahrbahnrand (Minimalabstützung auf belasteter Fahrzeugseite),
- mittig in der Straße/Aufstellfläche oder
- mit großem Abstand zum Fahrbahnrand (maximale Abstützbreite auf belasteter Fahrzeugseite)

vor das Einsatzobjekt vorfahren. Dabei ist die Ausrichtung der Längsachse der Drehleiter auf der Straßenfläche abhängig von den in der Straße vorherrschenden Platzbedingungen. In diesem Zusammenhang muss auch der Überstand des Drehgestells auf der dem Einsatzobjekt abgewandten Fahrzeugseite beachtet werden. Soweit möglich sollte die Drehleiter so auf der Straße positioniert werden, dass auf der dem Einsatzobjekt zugewandten Fahrzeugseite die Abstützungen auf ihre gesamte Länge ausgefahren werden können. Hierfür wird zwischen Drehkranzmitte (= Fahrzeugmitte bei Heranwinken von

Abb. 140: Erforderlicher Mindestabstand zwischen Drehkranzmitte (= Fahrzeugmitte in Längsachse) und nächstliegendem Hindernis im Bereich der Abstützungen auf der dem Einsatzobjekt hin zugekehrten Fahrzeugseite.

[37] Siehe auch DGUV Information 205-024 „Unterweisungshilfen für Einsatzkräfte mit Fahraufgaben", Handsignale gemäß DGUV Vorschrift 71 „Fahrzeuge"

vorne) und dem nächstliegenden Hindernis zum Einsatzobjekt hin ein Mindestabstand von 2,60 m benötigt.

Ist die Drehleiter mit ihrer Fahrzeuglängsachse korrekt auf der Straßenfläche eingewiesen, tritt der Einweiser zwei Schritte zur Seite (vom Einsatzobjekt weg), um die Drehleiter an sich vorbeifahren zu lassen. Dabei steht er dem Einsatzobjekt (Anleiterziel) zugewandt mit direktem Blickkontakt zum Anleiterziel und lässt das Fahrzeug zwischen sich und dem Einsatzobjekt vorbeirollen. Sobald das angepeilte Anleiterziel mit der Drehkranzmitte eine gerade Linie bildet, lässt er das Fahrzeug stoppen (z.B. durch Zuruf, mittels Handzeichen über den Rückspiegel oder über Einsatzstellenfunk).

Erreichen des Anleiterziels

Das Anleiterziel wird erreicht, da sich die Drehkranzmitte der Drehleiter nun an der Stelle befindet, an der der Einweiser beim Anpeilen des Anleiterzieles Sichtkontakt mit diesem hatte. Die Basis der Lafette mit dem Leitersatzes ist um ca. 1,50 m erhöht gegenüber der Augenhöhe des Einweisers. Durch diese Art der Positionierung wird die

Abb. 141: Anleiterziel und Drehkranzmitte (Mitte des Drehgestells) liegen auf einer geraden Linie. Auf dieser gedachten Linie fährt anschließend der Leitersatz aus. Achtung auf Hindernisse im Bereich dieser Geraden, hier z.B. eine vorgelagerte Gebäudekante. Die Drehkranzmitte befindet sich ca. 2,00 m vor dem Standort des Einweisers, der die Drehleiter vor sich vorbeifahren lässt.

kleinstmögliche Ausladung erzielt, um die größtmögliche Zuladung im Rettungskorb zu erreichen.

Abb. 142: Lage der Drehkranzmitte ca. 2,00 m vor dem Standplatz des Einweisers. Durch die hohe Lagerung des Leitersatzes auf der Lafette in etwa auf Kopfhöhe wird das Anleiterziel erreicht und Ausladung gespart. In diesem Fall erfolgt das Abfahren der Dachgauben mit dem Rettungskorb parallel zur Dachfläche.

Fahrzeug-
einweisung

Abb. 143: Darstellung des Ablaufes der Fahrzeugeinweisung in Einzelschritten.

Bei der Anpeilung des Anleiterzieles durch den Einweiser muss dieser Sichtkontakt zum Anleiterziel haben. Wird die Drehleiter anschließend zwischen Einsatzobjekt und Einweiser positioniert und bilden Drehkranzmitte und Anleiterziel eine gerade Linie, wird das Anleiterziel mit dem Rettungskorb bzw. der Leiterspitze erreicht.

Abstandswerte

Bei Anleitern eines Gebäudes über die Gebäudeecke müssen zwei Abstandswerte in Übereinstimmung gebracht werden, um die Position der Drehkranzmitte ermitteln zu können (*siehe auch Kapitel 4.2.2*):

- Mindestabstand für minimale Rettungshöhe (9,00 m zwischen Gebäudekante und Drehkranzmitte)
- Seitlicher Mindestabstand zwischen Gebäudekante der wegfliehenden Gebäudekante und dem Leitersatz (1,00 m zwischen Gebäudekante und Drehkranzmitte)

Wurden diese beiden Abstandswerte abgemessen und unter Berücksichtigung der örtlichen Platzverhältnisse die Position der Drehkranzmitte festgelegt, kann das Fahrzeug wie vorstehend beschrieben an das Einsatzobjekt herangeholt werden.

4.2.6 Rettungsmethoden

Für die Durchführung einer Menschenrettung im Rahmen eines Brandeinsatzes bestehen grundsätzlich zwei Möglichkeiten des Einsatzes des Hubrettungssatzes:

- Rettung mit dem Rettungskorb
- Rettung über Leiterbrücke.

Jedoch spielt die Rettung über Leiterbrücke kaum eine wesentliche Rolle, da sie einige gravierende Nachteile in sich birgt.

Rettung über Korb[38]

Rettung über Korb

Die sicherste und am häufigsten angewandte Rettungsmethode ist die Menschenrettung mit dem Rettungskorb; sie sollte generell zum Einsatz kommen. Dies gilt auch bei der Rettung von Personen(gruppen)

[38] siehe auch Kapitel 3.1.1

an mehreren Rettungsöffnungen, welche nacheinander nach einer festzulegenden Reihenfolge zu retten sind.

Bei der Rettung über den Rettungskorb begibt sich eine Einsatzkraft (Fahrzeugführer der Drehleiter oder ein Truppmitglied der Drehleiterbesatzung) nach Abschluss des Abstützvorganges und erfolgtem Aufrichten des Rettungskorbes über die Zustiegsleiter an der Leiterauflage in den Rettungskorb. Bei Drehleitern mit Gelenkarm kann hierfür auch der Rettungskorb vor dem Fahrzeug abgesetzt werden, was insbesondere in engen Straßen mit begrenzten Platzverhältnissen einen großen Vorteil bietet.

Nach erfolgtem Druckumbau auf den Hubrettungssatz fährt diese Einsatzkraft die entsprechende Rettungsöffnung mittels Korbsteuerung an und nimmt die betroffenen Personen auf. Je nach Einsatzsituation und vorliegender Gefahrenlage an der Einsatzstelle muss die Einsatzkraft im Rettungskorb dabei ein Atemschutzgerät anlegen (Isoliergerät oder Filtergerät), z.B. wenn eine oder mehrere Personen von Rettungsöffnungen zu retten sind, welche durch Brandrauch stark beaufschlagt sind.

Abb. 144: Für die Übernahme von Personen in den Rettungskorb stehen die Zustiege an den Korbecken und an der Korbfront zur Verfügung. Ist dies nicht möglich, kann die zu rettende Person über den Korbrand in den Rettungskorb einspringen.

Übernahme der zu rettenden Personen

Für die Übernahme der zu rettenden Personen in den Rettungskorb bestehen unterschiedliche Möglichkeiten:

- Einstieg durch eine der beiden Einstiege an den Korbecken (mit oder ohne Zustiegsleiter, je nach Drehleitermodell)
- Einstieg durch die abgeklappte Zustiegsleiter an der Korbfront (nur bei Metz/Rosenbauer-Drehleitern möglich)
- Einspringen der Person in den Rettungskorb über die Korbumrandung (Korbfront, Korbseitenwände).

Soweit möglich, sollten Personen immer über die vorhandenen Korbeinstiege an der Korbfront in den Rettungskorb aufgenommen werden, da dies die sicherste Vorgehensweise ist.

Ist eine sichere Übernahme der zu rettenden Person durch die Einstiege an den Korbecken bzw. in der Korbfront nicht möglich, kann diese durch Übersteigen bzw. Einspringen in den Rettungskorb erfolgen. Bei dieser Rettungsmethode ergibt sich allerdings eine höhere Absturzgefahr für die zu rettende Person. Hierfür wird durch die steuernde Einsatzkraft im Rettungskorb die Korboberkante mit der Unterkante der Rettungsöffnung (Balkongeländer, Fenstersims, etc.) in Deckung gebracht. Anschließend unterstützt die Einsatzkraft im Rettungskorb die zu rettende Person beim Zustieg in den Korb.

Abb. 145: Übernahme von Personen in den Rettungskorb durch Einspringen über den Korbrand. Hierfür müssen Korboberkante und Unterkante Rettungsöffnung (hier Fensterbrett) miteinander in Deckung gebracht werden.

Gleiches gilt für die Übernahme der zu rettenden Person durch einen der Zustiege in der Korbwand. Hierbei hat sich die Einsatzkraft wenn nötig selbst im Rettungskorb zu sichern (z.B. mit Feuerwehr-Haltegurt, Selbstsicherungsschlinge eines IRS).

Der Drehleitermaschinist überwacht den Rettungsvorgang vom Hauptbedienstand aus und greift bei Gefahr in die Steuerung ein.

Die Rücknahme des Leitersatzes mit den geretteten Personen im Korb geschieht sinnvollerweise durch den Drehleitermaschinisten. Die Einsatzkraft im Rettungskorb kann dann bis zum Erreichen des Erdbodens die Betreuung der geretteten Personen übernehmen.

Bei der Rettung mehrerer Personen und/oder Personengruppen im Rahmen eines Brandeinsatzes sind diese nach einer vom Einheitsführer festzulegenden Reihenfolge zu retten. Die Reihenfolge der Rettung richtet sich nach der Gefährdungslage der betroffenen Personen. Diese Bewertung muss der Fahrzeugführer der Drehleiter bzw. die Einsatzkraft im Rettungskorb nach eigener Einschätzung vornehmen, was je nach Einsatzlage sehr schwierig sein kann. Eine Hilfestellung für diese Priorisierung nach vorliegender Gefährdungslage soll folgende Reihenfolge geben[39]:

Reihenfolge der Rettung gefährdeter Personen nach Gefährdungslage:

Priorität 1: Personen in der betroffenen Brandwohnung oder Personen, die durch eine Brand- u. Rauchausbreitung unmittelbar gefährdet sind

Priorität 2: Personen in den der Brandwohnung angrenzenden Wohneinheiten (insbesondere in den darüberliegenden Wohneinheiten), die durch Feuer und Brandrauch gefährdet sind

Priorität 3: Alle anderen Personen, die an Fenstern/Balkonen auf sich aufmerksam machen

Unabhängig von den vorstehend aufgeführten Kriterien ist die Rettung von absturzgefährdeten Personen (z.B. an Balkongeländern oder Fenstersimsen hängenden Personen) möglichst vorrangig durchzuführen.

Rettungsöffnung nicht von unten angefahren

Bei der Rettung von Personen mit Hilfe des Rettungskorbes ist zu beachten, dass die entsprechende Rettungsöffnung nicht von unten angefahren wird. Hierbei besteht die Gefahr, dass die zu rettende Person in den Korb springt und dadurch sich selbst und die im Rettungskorb befindliche Einsatzkraft gefährdet bzw. verletzt.

Darüber hinaus besteht die Gefahr der Überlastung des Leitersatzes, wenn an der jeweiligen Benutzungsgrenze mehr Personen als zulässig in den Rettungskorb aufgenommen werden müssen oder in einem sol-

[39] Siehe auch „Einsatz- u. Abschnittsleitung“, Graeger, Cimolino, De Vries, Haisch, Südmersen, Reihe Einsatzpraxis, 2003

chen Fall Personen in den Rettungskorb einspringen. Eine Gefährdung der Standsicherheit der Drehleiter wäre die Folge.

seitliches Anfahren der Rettungsöffnung

Aus diesen Gründen sollte die Rettungsöffnung auf gleicher Höhe von der Seite herangefahren werden. Dadurch wird die Gefahr des Hineinspringens von Personen in den Rettungskorb und damit eine Gefährdung der Einsatzkraft im Korb und der zu rettenden Personen selbst minimiert.

Ist ein seitliches Anfahren der Rettungsöffnung nicht möglich, ist diese von oben her anzufahren. Diese Vorgehensweise sollte der zu rettenden Person bzw. den zu rettenden Personen durch die im Rettungskorb befindliche Einsatzkraft mitgeteilt werden, um eine möglicherweise aufkommende Panik zu verhindern (die Person könnte sich nicht beachtet fühlen und in ihrer Verzweiflung springen).

frontales Anfahren der Rettungsöffnung

Eine weitere Möglichkeit stellt das Anfahren der Rettungsöffnung frontal von vorne mit verschlossenen Korbeinstiegen dar. Hierbei wird die Öffnung, aus der die Rettung erfolgen soll, durch die Korbfront verdeckt. Das Öffnen der Korbzustiege erfolgt erst unmittelbar vor Erreichen der Rettungsöffnung und der Übernahme der zu rettenden Person (ein ausreichender Abstand zum Gebäude für die Öffnung der Korbeinstiege muss dabei berücksichtigt werden).

Diese Variante des Anleiterns stellt hohe Anforderungen an die Bedienungsfertigkeit der Einsatzkraft im Rettungskorb bzw. des Drehleitermaschinisten (wenn dieser die Rettungsöffnung anfährt). Sie erfordert eine zeitlich parallele Koordinierung der Leiterbewegungen Aufrichten/Neigen und Ausfahren/Einfahren, um den Rettungskorb tatsächlich auf einer geraden Linie auf die Gebäudeöffnung zufahren zu lassen.

Bei der Rettung von Personen mit dem Rettungskorb sind diese mit dem Rettungskorb möglichst auf gleicher Höhe von der Seite her anzufahren. Ist dies aus Platzgründen nicht möglich, sollte das Anfahren mit dem Korb von oben her erfolgen.

Rettung über Leiterbrücke

Die Menschenrettung über eine Leiterbrücke stellt eine theoretische Rettungsmöglichkeit mit der Drehleiter dar, die aber aufgrund einer Reihe von Risiken unterbleiben sollte (*siehe auch Kapitel 3.1.3*).

> Bei der Rettung mehrerer Personen und/oder Personengruppen von einer Rettungsöffnung ist die Rettung mittels Rettungskorb aus Gründen der Sicherheit und Schnelligkeit der Rettung über die Leiterbrücke vorzuziehen. Eine Rettung über die sogenannte Leiterbrücke sollte aufgrund zahlreicher Risiken bei der Rettung unterbleiben.

Zusammenfassend kann festgestellt werden, dass die Rettung von Personen aus Lebensgefahr und unter Zeitdruck eine äußerst komplexe und fordernde Einsatzsituation für die Einsatzkräfte darstellen kann. Daher sollten sich die auf einer Drehleiter eingesetzten Einsatzkräfte im Vorfeld eines solchen möglichen Einsatzes gedanklich mit einer solchen komplexen Situation auseinandersetzen und entsprechende Übungen durchführen.

Priorisierung gefährdeter Personen

Sie sollten sich ebenfalls grundsätzliche Gedanken über die Priorisierung von gefährdeten Personen in unterschiedlichen Gefährdungssituationen machen, um bei einem möglichen Einsatz nicht von einer solchen Situation überrascht zu werden.

> Einen wesentlichen Aspekt der Einsatztaktik im Drehleitereinsatz stellt die gedankliche Vorbereitung auf mögliche komplexe Einsatzszenarien mit mehrfacher Menschenrettung aus unterschiedlichen Rettungsöffnungen dar. Die Einsatzkräfte müssen im Sinne einer Einsatzvorbereitung Lösungsmechanismen für solche Situationen entwickeln.

5 Notbetrieb

Ein elementarer Bestandteil der Ausbildung von Drehleitermaschinisten und der Fahrzeugführer bzw. Fahrzeugbesatzungen ist die Unterweisung in die Durchführung des Drehleiter-Notbetriebes. Dabei sind sowohl die Bedienung des Notbetriebes für die Bewegungen von Hubrettungssatz und Rettungskorb als auch die Bedienelemente für die Betätigung der Abstützungen und des Einfahrens der Federfeststellvorrichtung für die Hinterachse zu demonstrieren und durch den/die Lehrgangsteilnehmer zu üben.

Dieser Ausbildungsblock sollte drillmäßig geübt werden, da bei einem eventuellen Ausfall der Drehleiterfunktionen im Einsatz die Bedienung des Notbetriebes durch die Drehleiterbesatzung (Maschinist, Fahrzeugführer) möglicherweise unter erheblichem Stress durchzuführen ist. **Insbesondere die Bedienung des Notbetriebes für die Bewegungen des Hubrettungssatzes ist von elementarer Bedeutung und muss vom Maschinisten unter Zeitdruck sicher beherrscht werden. Die Bedienung des Notbetriebs muss von der Ebene der bewusst gesteuerten Handlungen auf die Ebene der automatisiert bzw. intuitiv ablaufenden Handlungen transferiert werden.** Im Einsatzfall darf der Maschinist nicht mehr lange überlegen müssen, ob und wie er den Drehleiter-Notbetrieb einleitet, sondern muss ihn intuitiv anwenden können.

☞ Der Drehleiter-Notbetrieb ist ein essentieller Bestandteil der Aus- u. Fortbildung für die Besatzungen von Drehleitern. Bei regelmäßiger Übung ist dieser für Maschinisten und Fahrzeugbesatzungen leicht durchführbar.

Notwendigkeit Notbetrieb

Der Maschinist muss die Durchführung des Notbetriebs nach Abschluss seiner Ausbildung sicher beherrschen. Einige Gründe für diese Notwendigkeit sind beispielsweise:

- Im Falle eines Ausfalles der Steuerungselektronik infolge Brandeinwirkung oder eines technischen Defektes muss der Drehleitermaschinist den Rettungskorb ggf. schnellstmöglich aus dem Gefahrenbereich fahren können (z.B. bei der Durchzündung einer Brandwohnung während einer Menschenrettung aus einem Wohngebäude)[40]
- Der Drehleitermaschinist hat den Überblick über die gesamte Länge des ausgefahrenen Leitersatzes und kann dadurch alle Hindernisse im Bereich des Leitersatzes einsehen
- Der Maschinist ist die einzige Einsatzkraft, die eine solche Nothandlung ohne wesentlichen Zeitverzug durchführen kann, da die für den Drehleiternotbetrieb notwendigen Bedienelemente am Hauptbedienstand angeordnet sind.

Die Durchführung des Drehleiter-Notbetriebes sollte so intensiv trainiert werden, dass dessen Bedienung im Notfall automatisiert abläuft und der Drehleitermaschinist intuitiv richtig und zügig handelt.

Die vorstehend aufgeführten Beispiele sollen nur exemplarisch darstellen, warum die Beherrschung des Notbetriebes durch die Drehleiterbesatzungen notwendig ist.

Bei der Ausbildung und dem Training des Notbetriebes ist es elementar wichtig, dem Maschinisten die mit dieser Betriebsart verbundenen Sicherheits- und Leistungseinschränkungen zu vermitteln, damit dieser die daraus resultierenden Risiken einschätzen kann.

[40] Siehe auch Einsatzbeispiel Antwerpen, 05.08.2005; Einsatzbericht BrandSchutz 2/06 und unter www.atemschutzunfaelle.eu

☞ In der Betriebsart „Notbetrieb“ sind alle Sicherheits- u. Überwachungseinrichtungen der Drehleiter ohne Funktion! Im Rahmen des Notbetriebs ist nur die Rückführung des Hubrettungssatzes und der Abstützungen in Fahrstellung möglich und zulässig.

Die Durchführung eines Rettungseinsatzes in der Betriebsart „Notbetrieb“ ist nicht zulässig und kann bei Vergrößerung der Ausladung des Leitersatzes im Freistand zum Umstürzen des Fahrzeugs führen.

Gefahren und Risiken der Betriebsart „Notbetrieb“

Da die Sicherheits- u. Überwachungseinrichtungen außer Funktion sind, muss der bedienende Maschinist alle Betriebszustände des Hubrettungssatzes und der Abstützungen visuell überwachen und darauf achten, dass der Leitersatz nicht durch den Anstoß an Hindernissen beschädigt wird (Anstoßsicherungen außer Betrieb).

Darüber hinaus muss er darauf achten, dass er die Abstützungen erst dann einfährt, wenn der Leitersatz komplett eingefahren und in Fahrstellung in der Leiterauflage abgelegt ist.

Die Bedienung des Fahrzeugs in der Betriebsart „Notbetrieb“ darf nur durch Maschinisten erfolgen, die über eine ausreichende Erfahrung im Normalbetrieb der Drehleiter verfügen und in den Notbetrieb eingewiesen worden sind.

Die Geschwindigkeit der Bewegungen des Leitersatzes bzw. der Abstützungen kann im Notbetriebsmodus verlangsamt sein. Diese Einschränkung ist insbesondere in dem Fall relevant, wenn der Rettungskorb mit den darin befindlichen Einsatzkräften bzw. zu rettenden Personen aus einem Gefahrenbereich gebracht werden muss (z.B. Flammenüberschlag aus einem Fenster bei einem Wohnungsbrand).

Liegt ein Ausfall der Stromversorgung des Fahrzeugs vor, sind auch die „Not-Aus“-Schlagschalter außer Funktion.

Einschränkungen des Drehleitereinsatzes im Notbetrieb:

- **Alle Sicherheits- und Überwachungseinrichtungen ohne Funktion ⇒ Gefahr des Umstürzens des Fahrzeuges bei Vergrößerung der Ausladung im Freistand!**
- **Verlangsamung der Geschwindigkeit der Leiterbewegungen möglich**
- **Durchführung eines Rettungseinsatzes unzulässig**

Die Arten des Notbetriebs und die Durchführung am verfügbaren Fahrzeug sind der jeweiligen Bedienungsanleitung für das Fahrzeug zu entnehmen.

Die Durchführung des Notbetriebs ist stark vom Ausrüstungszustand des vorhandenen Fahrzeuges abhängig.

Durchführung des Notbetriebs:

Die Durchführung des Notbetriebs mit den einzelnen Arbeitsschritten in ihrer korrekten Reihenfolge ist der jeweiligen Bedienungsanleitung des am Standort vorhandenen Fahrzeuges zu entnehmen.

Die Anweisungen und Sicherheitshinweise in der Bedienungsanleitung sind bei der Durchführung des Notbetriebs unbedingt einzuhalten!

Stichwortverzeichnis

Literaturverzeichnis

AGBF Bund (2013): Empfehlungen (2012-3) zur Ausführung der Flächen für die Feuerwehr. Arbeitskreis Vorbeugender Brand- u. Gefahrenschutz, Sitzungsergebnis Okt. 2012, aktualisiert 17.04.2013.

Amler, R.; Hartdegen, R. (2015): Der Erdbaumaschinenführer. Resch-Verlag, Gräfelfing.

Beneke, N.; Unger, J. O. (2015): HAUS-Regel. www.drehleiter.info, Ausgabe 7 vom 15.03.2015.

Cimolino, U.; Ridder, A.; Lüssenheide, B.; Reeker, Ch.; Südmersen, J. (2010): Atemschutz-Notfallmanagement. Reihe Einsatzpraxis. ecomed, Landsberg.

Cimolino, U.; Zawadke, T.; Kögler, H. (2006): Einsatzfahrzeug für Feuerwehr und Rettungsdienst. Reihe Einsatzpraxis. ecomed, Landsberg.

De Vries, H. (2008): Brandbekämpfung mit Wasser und Schaum. Reihe Einsatzpraxis. 3. Auflage, ecomed, Landsberg.

Deuchert, A.; Tischendorf, M. (2015): Sicheres Bedienen von fahrbaren Hubarbeitsbühnen. Resch-Verlag, Gräfelfing.

DGUV Information 203-052 – Elektrische Gefahren der Einsatzstelle. (ehem. BGI 8677), DGUV, Ausgabe März 2010.

DGUV Information 205-010 – Sicherheit im Feuerwehrdienst. (ehem. GUV-I 8651), DGUV, aktualisierte Fassung Juli 2011.

DGUV Information 205-024 – Unterweisungshilfen für Einsatzkräfte mit Fahraufgaben. DGUV, Ausgabe März 2016.

DIN EN 14043, Beuth-Verlag, Berlin.

DIN 14800-16, Gerätesatz Auf- u. Abseilgerät, Beuth-Verlag, Berlin.

DIN 14800-17, Gerätesatz Absturzsicherung, Beuth-Verlag, Berlin.

Emrich, Ch.; Cimolino, U.; Svensson, S. (2012): Taktische Ventilation – Be- u. Entlüftungssysteme im Einsatz. Reihe Einsatzpraxis. ecomed, Landsberg.

Graeger, A.; Cimolino, U.; De Vries, H.; Haisch, M.; Südmersen, J. (2003): Einsatz- und Abschnittsleitung. Reihe Einsatzpraxis. ecomed, Landsberg.

Kemper, H. (2015): Gefahren der Einsatzstelle – Elektrizität. Reihe Fachwissen Feuerwehr. ecomed, Landsberg.

SCHUBERT, P.; STÜCKL, P. (2003): Alpin-Lehrplan Band 5 – Sicherheit am Berg. BLV Verlagsgesellschaft mbH, München.

SLABY, CH.; WIBEL, A. (2012): Einsatztaktik für die Feuerwehr – Hinweise zu Dachstuhlbränden. Landesfeuerwehrschule Baden-Württemberg, Bruchsal; Ausgabe August 2012.

WEICH, W.; CIMOLINO, U.; REHBEIN, A. (2013): Absicherung von Einsatzstellen. Reihe Standard-Einsatz-Regeln. ecomed, Landsberg.

WERFT, W. (2015): Grundlagen der Absturzsicherung. Reihe Fachwissen Feuerwehr. 3. Auflage, ecomed, Landsberg.

WERFT, W. (2016): Einfache Rettung aus Höhen und Tiefen. Reihe Fachwissen Feuerwehr. 2. Auflage, ecomed, Landsberg.

WERFT, W.; CIMOLINO, U.; HEYNE, T.; SPRINGER, H. (2009): Absturzsicherung und Einfache Rettung aus Höhen und Tiefen. Reihe Einsatzpraxis. ecomed, Landsberg.

Bedienungsanleitungen Fa. Rosenbauer/Metz, Karlsruhe.

Bedienungsanleitungen Fa. Magirus, Ulm.

Muster-Richtlinien über Flächen für die Feuerwehr, Fassung Februar 2007 (zuletzt geändert durch Beschluss der Fachkommission Bauaufsicht vom Oktober 2009), Ausführung des § 5 MBO (Musterbauordnung).

Prospektmaterial Absturzsicherung Fa. Magirus, Ulm.

Schriftverkehr mit Fa. MeierGuss Sales & Logistics GmbH & Co KG, 32369 Rahden.